种养结合循环农业综合养分管理研究与实践

李富程 等 编著

U0306505

中国农业科学技术出版社

图书在版编目(CIP)数据

种养结合循环农业综合养分管理研究与实践 / 李富
程等编著 . --北京:中国农业科学技术出版社,2022.3
ISBN 978-7-5116-5665-0

Ⅰ.① 种… Ⅱ.① 李… Ⅲ.① 生态农业-土壤有效养
分-综合管理-研究 Ⅳ.① S158.3

中国版本图书馆 CIP 数据核字(2021)第 275328 号

责任编辑	张国锋
责任校对	贾海霞
责任印制	姜义伟　王思文

出 版 者	中国农业科学技术出版社
	北京市中关村南大街 12 号　邮编:100081
电　话	(010)82106625(编辑室)　(010)82109702(发行部)
	(010)82109709(读者服务部)
传　真	(010)82106625
网　址	http://www.CASTP.cn
经 销 者	各地新华书店
印 刷 者	北京建宏印刷有限公司
开　本	170 mm×240 mm　1/16
印　张	10
字　数	200 千字
版　次	2022 年 3 月第 1 版　2022 年 3 月第 1 次印刷
定　价	68.00 元

《种养结合循环农业综合养分管理研究与实践》

编著人员

李富程　　西南科技大学

梅　波　　四川雪宝乳业集团有限公司

罗文海　　四川雪宝乳业集团有限公司

陈少航　　成都浩宇思源环境科技有限公司

陈玉冰　　西南科技大学

前　言

我国高度重视农业循环经济发展，早在 2015 年中央一号文件就明确指出"开展畜禽粪便资源化利用"，2016 年中央一号文件进一步要求"启动实施种养结合循环农业示范工程"。同时《中华人民共和国循环经济促进法》《全国农业可持续发展规划（2015—2030 年）》《种养结合循环农业示范工程建设规划（2017—2020 年）》《农业绿色发展先行先试支撑体系建设管理办法（试行）》等都要求加强种养结合循环农业发展。种养结合循环农业是以创新、协调、绿色、开放、共享的新发展理念为引领，通过推动产业融合和形成农业绿色发展方式，持续推进畜禽粪污减量化和资源化利用，构建与当地资源环境承载力相适应的农业发展模式。加快推动种养结合循环农业发展，是促进种养业废弃物变废为宝、提升农业资源利用效率、保护农业生态环境、促进农业绿色发展的重要举措。

本书系统地介绍了种养结合循环农业中沼液还田养分管理相关技术问题研究与应用案例。全书共分为六章。第一章为绪论，介绍了规模化禽畜养殖场粪污综合养分管理概况及沼液还田的环境影响；第二章论述了规模化养殖场沼液产生—储存—施用过程中成分差异，为规模化养殖场沼液的储存、管理和运输提供基础数据；第三章论述了养殖场沼液还田过程中如何开展养分精准调控与高效利用，为沼液还田提供合理的施用量和施用方式；第四章系统介绍了规模化养殖场沼液还田的环境效应，阐述了短期施用和长期施用沼液对环境的影响，论述了沼液施用次数和施用量对下渗液养分含量的影响；第五章以四川雪宝乳业集团有限公司鸿丰牧场为研究案例，该单位是首批"国家农业综合开发区域生态循环农业示范区"建设试点，系统介绍了沼液还田综合养分管理方案；第六章重点介绍了沼液还田综合养分管理计划实施效果评估。

感谢绵阳市科技计划项目"种养结合循环农业综合养分管理技术研究与示范（2018YFZJ019）"、农业农村部农村可再生能源开发利用重点实验室开放研究课题基金"综合养分管理下沼液还田的经济与环境效应评价（2020-002）"和中央级科研院所基本科研业务费专项（1610012020004_01900）对本书相关研究和出版的资助。本书的完成和出版得到西南科技大学环境与资源学院领导、四川雪宝乳业集团有限公司和绵阳市安州区鸿丰奶牛养殖有限公司领导的关心与支持，本人的研究生蔡敏、黎晓、冯露、李丽、袁正蓉、唐骁等在研究过程中吃苦耐劳、忘我工作，在此一并表示衷心感谢。

　　由于作者水平和经验有限，书中的见解和观点不一定完全正确，难免还存在一些疏漏和不妥之处，诚请读者和专家给予谅解，不吝批评指正。

李富程

2022 年 1 月

目　　录

插图目录

表目录

1 绪论

1.1 种养结合循环农业

我国高度重视农业循环经济发展，国务院发布的《水污染防治行动计划》明确要求"自 2016 年起，新建、改建、扩建规模化畜禽养殖场（小区）要实施雨污分流、粪便污水资源化利用"。《土壤污染防治行动计划》明确提出"加强畜禽粪便综合利用，在部分生猪大县开展种养业有机结合、循环发展试点"。《全国农业现代化规划（2016—2020 年）》明确要求"实施种养结合循环农业工程"，2016 年我国启动实施种养结合循环农业示范工程。《全国农业可持续发展规划（2015—2030 年）》也要求"优化调整种养业结构，促进种养循环、农牧结合、农林结合"。2017 年农业部编制印发的《种养结合循环农业示范工程建设规划（2017—2020 年）》要求推进种养结合循环农业发展，探索不同地域、不同体量、不同品种的种养结合循环农业典型模式。加快推动种养结合循环农业发展，是提高资源利用效率、保护农业生态环境、促进农业绿色发展和乡村振兴战略的重要举措。

种养结合循环农业将种植业和养殖业紧密衔接，将粪污中养分利用起来作为当地种植作物肥料降低成本，种植业可以解决养殖业产生的废弃物并为养殖业提供饲料，使养殖场物质和能量在内部动植物间转换并产生经济效益的循环式生态农业。种养结合循环农业一般通过对集约化畜禽养殖场产生的粪便和粪液进行资源化利用，将治理污染、回收资源、改善环境、提高产量、减少成本综合起来，促进集约化养殖业和种植业的共同健康发展。养殖业畜禽粪污养分综合利用和资源化，不仅可以促进我国循环经济的可持续发展，更有利于减少养殖运营成本以及农业面源污染。

种养结合循环农业在治理农业面源污染问题中产生明显的效用。近年来，中国水稻产区应用较广泛的"稻—鱼"种养结合模式相比常规水稻种植模式，化肥与农药用量分别减少 15.21%、40.17%（文可绪等，2015）。种养结合模式不仅能缓解农业生产中生态环境问题，也能带来经济效益、社会效益。河南三色鸽乳业将奶牛养殖、苜蓿种植、生态观光有机结合，对改善生态环境具有明显的效果。西峡县健羊牧业有限公司将奶山羊养殖、猕猴桃种植产业与扶贫相互结合，其"公司+支部+基地+农户"发展模式成为一种新的农村经济发展模式。

集约化畜禽养殖场粪污量大且集中，受季节限制、运输不便、补贴缺失等因素制约，集约化畜禽养殖粪污污染已成为我国农村面源污染的重要来源之一。据调查，目前全国 70%以上农业园区为单一种植业或单一养殖业，其他的农业园区虽然种养兼营，但大多数也难以实现种植与养殖的相互衔接、协调发展。集约化畜禽养殖粪污污染一直备受关注，近年来在畜禽养殖粪污厌氧发酵、堆肥处理和资源化利用等方面取得了丰富的科研成果，但仍存在养分管理技术不完善、污染防治技术不配套等问题，成为畜禽养殖污染防治的主要瓶颈。畜禽粪污的过量或不合理施用，会产生新的农业面源污染问题，严重制约畜禽养殖业和种植业的健康发展。因此，我国亟须通过发展种养结合循环经济提升集约化养殖场粪污养分高效利用，加快推动种养结合循环农业发展是提高农业资源利用效率、保护农业生态环境、促进农业绿色发展的重要举措。

1.2 集约化禽畜养殖场粪污综合养分管理

1.2.1 综合养分管理发展概况

美国是世界上主要的生猪养殖大国，也是集约化养殖污染问题最早显现的国家之一。20 世纪以来，美国生猪粪肥管理在观念、政策、技术上经历了巨大的变化，在养分管理和农业面源污染治理方面经历了几次大变革（周杰灵等，2019）。1950—1972 年，由于大量施用化肥农药，出现耕地板结、土壤有机质丧失、微生物活性减弱等一系列问题，水污染问题也十分严重，全美 47条主要河流湖泊中，有 22 条污染面积占总面积的 40%以上（刘北桦等，2015）。为了解决水体污染，美国 1977 年出台了《清洁水法案》（CWA），法案将大规模集约化畜禽养殖场定义为点源污染源，其他养殖场被纳入面源污染源；法案要求规模化养殖场必须持有畜禽粪污排放许可，通过实施综合管理计划，将粪污作为养分还田，提高土壤有机质含量、减少水土流失，实现种养业协调发展（USDA，2003）。

截至20世纪80年代，美国早期污染治理效果并不理想，粪肥被施用在养殖场内部有限的农田后，大约有51%的氮素养分和64%的磷素养分超出其农田需用量，成为农业面源污染的主要来源（USDA，2002）。20世纪90年代以来，畜牧业和作物生产中废弃物养分流失对水体和空气的污染再度引起美国社会的广泛关注，1998年美国政府推出"清洁水行动计划"（Clean Water Action Plan），要求将农业面源污染作为水污染的主要源头进行治理。1999年美国农业部和环境保护署联合发布畜禽养殖粪污治理统一国家战略，并推出"畜禽粪便综合养分管理计划"（CNMP），要求规模化养殖场将粪污作为养分还田的管理对象，以减少养殖粪污通过农田径流和氨挥发形成的农业面源污染（USDA，2003）。美国环境保护署于2003年和2008年两度修订了清洁水法案相关集约化养殖粪污排放与申领国家污染物减排系统（NPDES）许可证的规定，以控制大规模养殖粪肥的养分通过农田径流污染水体。法律规定一旦集约化养殖农场未严格执行养分管理计划，养殖粪污通过农田径流污染了河道或其他水体，将被视为违反《清洁水法案》而受到罚款或关停的处罚（USDA，1998—2009）。随着美国联邦政府新修法规的颁布，各州地方政府也都相应修订了地方性法规。同时美国在2002年修改《农田安全和农村投资法》，使集约化养殖农场也能享受环境质量激励项目的资金支持。

随着美国有关综合养分管理的法案与相关的经济补偿落实，综合养分管理计划得到普遍推广完善。一套完整的综合养分管理计划主要由6个部分组成，一是规划粪便和污水预处理及储存方案；二是制订田间措施；三是制订养分管理计划；四是优化畜禽喂饲管理方案；五是提出备选处理方案；六是记录和监测。粪便综合养分管理的核心是养分平衡，其主要考量畜禽所产生提供的养分量、作物目标产量氮磷养分需求量以及土壤养分水平，以减少粪便养分的环境排放（Gerber等，2014；Oenema等，2003；Petersen等，2007）。

目前发达国家和地区在畜牧和畜禽养殖污染控制方面普遍建立了配套的政策、法律和标准，也建立了各项行动计划，解决方式也大同小异（表1-1）。欧盟养分管理政策和美国的粪便综合养分管理计划实质是相同的，目的都是提高粪肥养分的利用率，减少养分的环境损失。欧盟制定了相关的法律法规来实现养分管理，如硝酸盐法案和硝酸盐敏感区、水保护法案、"590"法案、水洁净法案等（王方浩等，2008）。在德国，80%的农场采取种养结合，还田利用模式为养殖粪便—沼气—农田，农场用肥需考虑养分平衡，依据是不超出作物氮、磷养分的需求上限（廖新俤等，2013）。养分管理政策推动了英国养殖废弃物还田利用，同时减少硝酸盐淋洗和温室气体对环境的影响，英国按照粪便养分管理计划进行了养殖粪肥的施用（Smith 等，2016）。

表 1-1　发达国家和地区相关政策法规

国家或地区	管理方法
美国	推出畜禽粪便综合养分管理计划（CNMP）与集约化养殖粪污排放与申领国家污染物减排系统（NPDES）许可证相结合
欧盟	欧盟制定了相关的法律法规来实现养分管理，如硝酸盐法案和硝酸盐敏感区、水保护法案、"590"法案、水洁净法案等
德国	采取种养结合，还田利用模式为养殖粪便—沼气—农田，农场用肥需考虑养分平衡，依据是不超出作物氮、磷养分的需求上限
英国	英国养殖废弃物还田利用，按照粪便养分管理计划进行养殖粪肥的施用
丹麦	提出种养平衡生产模式，要求畜禽粪污进行氨减排
加拿大	各省都制定了畜禽养殖环境管理相关的法律和技术规范，禁止畜禽排泄物流入水体中，实行循环种养模式，减少环境污染及不必要的资金投入
日本	日本制定了《废弃物处理与消除法》《恶臭防止法》和《防止水污染法》等7部法律，明确规定了畜禽污染防治和管理的要求，养殖场污水必须经过处理达标才允许排放

　　我国的集约化畜禽养殖规模逐渐扩大，集约化畜禽养殖在取得显著经济效益的同时，废弃物长时间大面积排放造成周边环境污染成为制约养殖业发展的重要因素。我国高度重视畜禽养殖污染防治，出台了一系列的法律法规及相应的规划，但仍面临环保工作滞后于经济增长速度的局面。首先，我国畜牧养殖废弃物还田利用模式缺乏规划，与西方发达国家大型的养殖场不同，我国的畜牧养殖业的规模化、产业化和科学化水平还相对较低，导致我国畜牧养殖粪污处理模式相对落后。其次，畜禽粪便从产生到施入农田的每个环节都有损失，国内养殖场养殖废弃物还田利用缺少养分管理指导（Bai 等，2014）。因此，应对养殖废弃物还田利用模式进行完善，制定养殖场养殖废弃物还田利用养分管理体系。

1.2.2　综合养分管理主要技术

　　养分管理核心技术包括肥料效应函数、氮肥总量控制与分期调控、磷钾恒量监控技术、微量元素因缺补缺、水肥一体化技术。肥料效应函数以田间试验为基础，需要严格的统计分析，该方法主要适用对象为专业技术人员，不适合普通农户。氮肥总量控制与分期调控需要基于区域内多点肥料效应的结果确定，能在保证作物产量的同时，控制氮素损失。磷钾恒量监控技术以长期定位实验为基础，将土壤有效磷钾含量持续控制在临界水平范围内，在满足作物高产需求的同时降低磷素累积环境风险，可用于肥料的宏观管理分配。微量元素因缺补缺需要通过定期土壤测试、植株诊断以及田间生物效应来判断微量元素是否是产量的限制因素，在低于临界水平考虑使用相应的微肥。水肥一体化技术是借助压力灌溉系统的管道进行施肥，有效地将灌溉与施肥结合，提高水肥利用效率，减少人工劳动强度，但该方法需要进行设备投资，同时对使用的水溶性肥料溶解度有要求，成本较高。

常规养分管理技术：常见的养分管理技术包括植株诊断养分管理技术与土壤测试养分管理技术。植株诊断养分管理技术主要有 SPAD（叶绿素含量指数）植株快速测试氮素诊断、叶色卡（LCC）植株快速氮素诊断法和植株硝酸盐诊断技术等；土壤测试养分管理技术主要有养分丰缺指标法、播前土壤无机氮测试（PPNT）、作物生育期无机氮测试（PSNT）等。其中植株诊断养分管理技术精确度受操作技术、不同植株品种和其他环境因素影响，准确度较低但操作方法简单；养分丰缺指标法不适合进行氮肥推荐，准确度较差；PPNT 易受天气变化影响，对氮素的预估有偏差；PSNT 只能考虑特定的作物氮素施用量，未考虑其他营养元素。

精准施肥：实施精准施肥技术有助于提高施肥指导的精准度，根据农作物生长区域的土壤情况，掌握土壤的需肥规律，调节肥料的使用分配，提高土壤的利用率，达到用最少的肥料创造农作物高产的目的，同时避免资源浪费，减少环境污染。危常州等（2005）通过田间试验，将综合肥料效应模型、专家知识库与 GIS 整合，建立以综合肥料效应模型为核心的计算机推荐施肥系统。马晓蕾等（2011）通过确定精准施肥决策系统中施肥参数，建立相应的土壤肥力查询数据库，结合土壤养分含量、作物种类及目标产量等相关参数精确控制施肥量。丘陵区土地养分空间变异性大，因此，养分精准调控技术存在较多难题有待试验解决。

新型肥料技术包括区域作物专用肥、聚合物包膜控释肥、脲酶和硝化抑制剂使用技术、保水控释肥料等。区域作物专用肥是通过对区域土壤供应特点的分析，结合当地的习惯施肥水平、耕作制度以及自然气候条件，因地制宜地研制各种作物专用复合肥配方，同时配合相应的施肥技术，该方法需要利用氮肥总量控制、分期调控、磷钾恒量监控技术共同结合来制定配方。

1.3 集约化禽畜养殖场沼液还田的环境影响

沼液是沼气工程以畜禽粪便为原料发酵后的排出液体，含有大量氮磷钾、有机质等，作为肥料在种植业施肥上具有良好的应用前景。畜禽粪便产生的沼液含有的 N、P、K 分别比普通秸秆有机堆肥高 22.1%、17.5% 和 20.1%，同时沼液含有多种微量元素（如 Fe、Zn、Mn 等）、氨基酸、维生素、腐殖质酸、植物生长激素和抑制植物病虫害的物质（Duan 等，2011）。沼液的水溶氮磷钾养分丰富，且大部分活病菌和虫卵在发酵过程中被消灭，养分容易被吸收。沼液差异性较大，总体呈现总氮＞总磷的趋势，有机质浓度范围在 0.01% ~ 0.80%。丁京涛等（2016）研究发现，沼气厌氧发酵罐出料口总氮浓度降低，而氨氮浓度增加 10%，沼液经过一段时间储存后，沼液中氮磷养分浓度随储存时间增加，降低幅度较高，且沼液中的氮约有 12.2% 发生了形态转化，活性微生物将离子态的氮转变为氮气和氨气。靳红梅等（2012）研究也表明，牛粪沼液中约 11.5% 的氮素转变为氮气或氨气，沼渣中氮素却增加了 2.8%。

目前沼液还田的利用方式有多种，包括直接还田施入土壤、叶面喷施、配方施肥、用于水培肥等（陈志龙等，2019）。有研究表明，沼液直接施入土壤可以对土壤起到有效的缓释施肥作用，同时可以降低其他化肥的使用（Tay 等，2018）。沼液田间施用能显著改良土壤微环境，可以改善土壤的理化结构并增加土壤的微生物活性和养分含量（郑莉等，2020；高刘等，2017），此外，能够显著增加土壤多种生物酶的活性，加速土壤中氮磷营养元素的矿化速率，增加土壤肥力，丰富土壤微生物多样性（黄继川等，2016）。沼液含有的发酵残余有机碳可以吸附土壤中阳离子，增加土壤的保肥缓冲能力，促进土壤微生物体系的平衡，同时还能疏松土壤，改变土壤团聚体分布（朱荣玮等，2019）。沼液含有的腐殖质酸对土壤团聚体团粒结构也起重要作用。沼液与化肥配施，能较好补充作物所需的氮磷养分，增加土壤速效养分含量（郑学博等，2016）。此外，沼液还可改善作物产品营养含量，降低农产品中硝酸盐、农药等有害物质的产生和积累（赵培等，2019）。

沼液中碳氮磷配比不符合微生物厌氧反应时所需的比例，可生化性较差，加上沼液中含有高浓度重金属，规模化畜禽养殖场沼液土地利用或者污水达标排放的难度加大。高浓度氮磷可能导致烧苗、作物减产，沼液直接农用导致农田养分过剩，增大地下水、地表水域等水体环境污染风险（吴树彪等，2013；

Cordovil 等，2007）。黄继川等（2016a）研究表明，连续施用 3 年沼液，稻田灌水氨氮含量增加，但土壤下渗液中氮含量未增加。沼液的合理施用量与沼液的养分含量、区域土壤养分含量、气候和种植作物等因素息息相关，对沼液还田进行合理高效的施用量估算，是沼液氮磷养分资源利用的关键。综上所述，虽然沼液还田有多种好处，但沼液施用存在一定的阈值，不同作物和不同土壤本底养分含量对施用沼液的阈值各不相同（黄继川等，2016a，2016b）。

沼液中含有一定量的重金属，沼液中重金属浓度较高的元素以 Cu、Zn、As、Cr、Pb、Cd 为主（刘思辰等，2014；朱泉雯等，2014），其中 Zn 和 Cu 含量最高。赖星等（2018）研究表明，过量施用沼液会造成土壤重金属积累。刘向林等（2018）对连续施用沼液 6 年的土壤采样，发现 Cu、Zn 的含量明显升高，其他重金属含量也有增加。黄界颖等（2013）认为，加大沼液用量时作物内重金属含量有显著增加，但并未产生富集。在新疆绿洲区进行沼液灌溉后，蔬菜地重金属浓度在允许范围内，而在连年施用沼液后土壤重金属 Cd、As、Ni 的浓度超标（杨乐等，2012）。Marcato 等（2009）研究显示，猪粪沼液中 Zn 和 Cu 的生物有效性较高，长期利用后土壤 Zn 和 Cu 污染风险高，可能引起土壤重金属富集、盐渍化等环境问题。苗纪法等（2013）盆栽试验种植发现，当施用高浓度沼液时，重金属 Zn、Cu 向土壤深层迁移的趋势明显，土壤重金属 Zn、Cu、Pb、Cd、Cr 含量增加。因此，在规模化畜禽养殖过程中，除对畜禽粪便和沼液中的重金属监测外，须保证土壤重金属浓度在允许范围内，才能使沼液持续、长期地被土地消纳，达到沼液有效减量化、资源化的目的，或者采取重金属钝化或重金属超富集植物种植等措施来降低土壤中重金属含量，才能避免土壤重金属污染风险，这给环境治理带来更大的挑战。

沼液中抗生素种类较多，食物链是其威胁农产品安全及人体健康的主要途径。抗生素在鸡粪和猪粪中较为常见，沼液中抗生素的累积源于畜禽粪便中的四环素类、喹诺酮和磺胺类等。卫丹等（2014）在所调查的养殖场沼液中检测到 10 种 4 类抗生素，主要是四环素类、磺胺类、大环内酯类、喹诺酮类，以四环素居多，其占总抗生素浓度的 91%，浓度范围为 10.1～1 090 μg/L，即使厌氧发酵对畜禽粪便中的四环素降解率可达 93%，沼液中仍有较大的残留量，对人体健康有一定的危害作用。对于沼气工程运行而言，朱佳等（2014）研究发现四环素类对甲烷菌有抑制作用，直接影响沼气工程中产气问题。因此，在规模化养殖场的沼液沼渣利用前，对抗生素的去除还需进一步深入研究。

2 养殖场沼液产生—储存—施用过程中成分差异

沼液由粪便发酵后，由于沼液产生的连续性、作物施肥的季节性和轮作种植模式的阶段性需求，新鲜沼液产生后需要储存至作物需肥季节使用。规模化养殖场常设沼液储存池储存沼液，通过安装沼液输送管网或者利用车载方式在用肥季节将沼液贮存池中沼液施于农田。吴华山等（2012）研究显示，沼液贮存的前2个月内，沼液中COD、全氮、全磷、氨氮呈现浓度降低趋势，沼液贮存3个月后，沼液中全氮、全磷、全钾降低率在53.5%~94.86%。目前沼液的储存、管理和运输已成为规模化养殖场综合养分管理关注的重要内容之一（靳红梅等，2011；Li 等，2019）。为充分利用沼液中的养分供给农作物的生长需求，且避免沼液利用产生新的环境污染问题，需要加强沼液性质变化研究。因此，分析规模化养殖场沼液产生—储存—施用过程中的成分变化与差异，为沼液资源化高效利用提供数据支撑。

2.1 不同养殖场沼液成分差异

2.1.1 方法与材料

调研绵阳市及遂宁市的20个大中型规模化养猪场。通过询问和实地勘察的方式了解该养猪场的运行时间、规模、年存栏数量、沼气工程发酵方式、清粪方式等基本信息，以及是否进行沼液农用及利用时间。在养猪场正在运行的沼气工程中，采集厌氧发酵罐的进料口（新鲜猪粪水）和出料口（新鲜沼液）的水样样品分别于1.5 L洁净干燥塑料瓶，参考《水质 样品的保存和管理技术规定》（HJ 493—2009），现场采用不同的水样处理方法调节pH，分别为加浓硫酸试剂、浓硝酸试剂、未加任何试剂3种处理保存水样，带回实验室及时分析各养殖场沼液和猪粪水的 pH、电导率、总残渣、COD、TN、TP、NH_4^+-N 及重金属（Zn、Cu、Cd、Pb、Cr、Mn、Ni、As）等指标。沼气工程的规模没有固定的标准，本研究以沼气厌氧发酵罐的体积为参考（陈永俊，2011），规模化养猪场中发酵罐体积在 300~500 m³ 时为中型养猪场，发酵罐体积大于 500 m³ 时为大型养猪场，主要信息如表 2-1 所示。

所调研的 20 个规模化养猪场对沼气工程产生的沼液均有一定利用，规模较大的养猪场承包附近的农田或者林地，管道输送至蔬菜种植或者果树种植，或将沼液排入生物塘、好氧塘等深度处理以降低沼液的浓度，直接管道输送灌溉附近的水田，种植作物。规模较小的养猪场产生的沼液则是直接用于附近农户农田种植农作物。据了解和实地考察，沼液是一种很好的缓释肥料，沼液还田减少了化肥用量，每年能节省一笔不小的肥料开支，在种植农作物前对土地进行翻耕后灌溉沼液，当季作物的品质和产量均有较好的效果，施用沼液后的农作物抗虫病害能力增强，种植农作物或蔬菜减少了农药使用次数。

表 2-1 规模化养猪场基本信息

采样点编号	发酵工艺	采样点区域	经纬度	规模	运行时间（年）
#1	CSTR	遂宁船山区	105.703734 E, 30.40515 N	中型	4
#2	CSTR	遂宁蓬溪县	105.433089 E, 30.608919 N	大型	8
#3	CSTR	遂宁蓬溪县	105.475128 E, 30.712155 N	大型	6
#4	CSTR	遂宁船山区	105.598079 E, 30.398753 N	中型	2
#5	地下厌氧发酵	绵阳涪城区	104.784677 E, 31.337049 N	中型	4
#6	CSTR	绵阳涪城区	104.767008 E, 31.331939 N	中型	4
#7	CSTR	绵阳三台县	105.123439 E, 31.291128 N	中型	4
#8	地下厌氧发酵	绵阳三台县	104.912906 E, 31.289430 N	大型	13
#9	CSTR	绵阳游仙区	104.972985 E, 31.541604 N	大型	5
#10	UASB	绵阳游仙区	104.857479 E, 31.600771 N	大型	5

（续表）

采样点编号	发酵工艺	采样点区域	经纬度	规模	运行时间（年）
#11	地下厌氧发酵	绵阳盐亭县	105.382572 E, 31.170252 N	中型	4
#12	CSTR	绵阳盐亭县	105.692938 E, 31.057980 N	中型	4
#13	CSTR	绵阳江油市	105.122948 E, 31.911206 N	大型	2
#14	地下厌氧发酵	绵阳江油市	104.633341 E, 31.639577 N	大型	13
#15	CSTR	绵阳涪城区	104.779074 E, 31.343076 N	大型	10
#16	地下厌氧发酵	绵阳江油市	104.694994 E, 31.541533 N	大型	8
#17	CSTR	绵阳涪城区	104.694968 E, 31.541529 N	大型	8
#18	CSTR	绵阳涪城区	104.771425 E, 31.334556 N	中型	5
#19	地下厌氧发酵	绵阳游仙区	104.912993 E, 31.623027 N	中型	3
#20	CSTR	绵阳三台县	105.048177 E, 31.078786 N	大型	5

沼液采集后带回实验室离心过滤后测定沼液及猪粪水的基本理化性质，其测定方法参考《水和废水监测分析方法》，如表 2-2 所示。

表 2-2　猪粪水及沼液理化指标测定方法

测定项目	测定方法	方法来源
pH	PHS-2C 型精密酸度计	《水和废水监测分析方法》
电导率	电导率仪（DDS-307A，雷磁）	《水和废水监测分析方法》
COD	快速消解法	HJ/T 399—2007
TN	碱性过硫酸钾紫外分光光度法	HJ 636—2012
TP	钼酸铵分光光度法	GB 11893—1989
NH_4^+-N	纳氏试剂分光光度法	HJ 535—2009
重金属全量	ICP-OES	

2.1.2　不同养殖场沼液理化性质差异

2.1.2.1　pH、电导率及总残渣

规模化养猪场沼气工程厌氧发酵产物前后 pH、电导率及总残渣的变化如表 2-3 所示。在 20 个规模化养猪场中，发酵后的沼液 pH 平均值比猪粪水高，其中沼液的 pH 介于 7.32～8.71，呈弱碱性，且猪粪水与沼液 pH 的变异性（CV）都很小，均小于 10%。沼液电导率平均值大于猪粪水，其电导率均值在 8.38 mS/cm，大大超过农作物生长的电导率耐受限值（4 mS/cm），需稀释后施用；沼液电导率的变异系数大于猪粪水，其中沼液电导率的变异系数为 20.2%。沼液总残渣浓度较猪粪水小，表明猪粪水经过厌氧发酵后，大颗粒的悬浮物质累积在沼渣中，沼液中的浓度降低。

表 2-3　猪粪水及沼液物理性质统计分析

理化指标	类型	数据数量#	最大值	最小值	平均值	标准误差	CV（%）
pH	猪粪水	19	8.05	7.06	7.54	0.26	3.6
	沼液	20	8.71	7.32	7.83	0.34	4.3
电导率	猪粪水	19	12.58	2.99	7.42	2.29	7.1
	沼液	20	10.83	5.17	8.38	1.69	20.2
总残渣	猪粪水	19	32.55	3.52	10.05	8.47	19.4
	沼液	20	9.38	2.15	4.71	2.00	9.6

注：电导率单位为 mS/cm，总残渣单位为 g/L；#有一个猪场在取样时未取到猪粪水。

猪粪水与沼液的理化性质比较分析见表 2-4。猪粪水与沼液相比，发酵前后 pH 与总残渣呈现极显著差异，沼液中的悬浮颗粒物的浓度小于猪粪水，并且沼液中的离子浓度增加，直接影响电导率增加，在沼液农田施用时应注意土壤离子浓度的变化。

表 2-4　猪粪水与沼液的理化性质比较分析

理化指标	P 值	理化指标	P 值	理化指标	P 值
pH	0.009 **	TP	0.001 **	Cr	0.148
电导率	0.184	NH_4^+-N	0.057	Cd	0.489
总残渣	0.009 **	Zn	0.004 **	Pb	0.773

（续表）

理化指标	P 值	理化指标	P 值	理化指标	P 值
COD	0.271	Cu	0.009 **	Mn	0.006 **
TN	0.141	As	0.804	Ni	0.042 *

注：猪粪水和沼液样本采用配对样本 t 检验，* 和 ** 表示差异显著水平分别为 $P<0.05$、$P<0.01$。

2.1.2.2 COD、TN、TP 及 NH_4^+-N

发酵前后猪粪水和沼液中 COD、TN、TP、NH_4^+-N 的变化如表 2-5 所示。猪粪水中 COD 比沼液浓度高，平均值分别为 4 305.1 mg/L、3 875.1 mg/L；猪粪水中 TN、NH_4^+-N 浓度都低于沼液，这可能与清粪工艺、发酵原料添加等有关；猪粪水中 TP 浓度显著高于沼液，其浓度均值分别为 70.6 mg/L、38.8 mg/L。沼液中 NH_4^+-N 浓度约占 TN 的 41.6%，这是因为物料在发酵罐中停留时间一般为 5~10 d，处于持续进料状态，氨化菌、硝化菌等微生物氨化作用和硝化作用强烈，进而导致沼液中无机氮存在形式以 NO_3^--N、NO_2^--N、NH_4^+-N 为主。

表 2-5 猪粪水和沼液 COD、TN、TP、NH_4^+-N 统计分析

理化指标	类型	数据数量	最大值	最小值	平均值	标准误差	CV（%）
COD	猪粪水	19	8 666.9	1 098.4	4 305.1	1 918.4	43.37
	沼液	20	7 813.1	2 250.4	3 875.1	1 614.1	39.62
TN	猪粪水	19	1 003.3	2 870.0	1 799.9	503.2	28.0
	沼液	20	1 016.4	3 253.9	1 933.7	603.4	31.2
TP	猪粪水	19	135.9	17.3	70.6	33.6	46.41
	沼液	20	72.9	16.7	38.8	15.4	37.81
NH_4^+-N	猪粪水	19	1 226.3	171.7	672.3	290.5	42.06
	沼液	20	1 366.6	272.8	804.2	301.0	35.60

注：指标单位为 mg/L。

2.1.3 不同养殖场沼液重金属差异

发酵前后猪粪水和沼液中重金属统计分析结果如表 2-6 所示。20 个规模化养猪场的猪粪水和沼液样本检测发现，猪粪水和沼液中重金属主要以 Zn、

Cu、As、Cr、Mn、Pb、Ni、Cd 为主。猪粪水和沼液中 Zn 和 Cu 的浓度均较高，这是因为饲料中 Zn 和 Cu 元素是促进动物生长的必需，其过量或不合理使用都会造成饲料中重金属向动物中转移，进而累积在猪粪水或沼液中。沼液、猪粪水中浓度最高的 5 种重金属浓度高低排序为：Zn>Cu>Mn>As>Cr，Zn、Cu、Mn、Ni 浓度在猪粪水和沼液中存在显著差异性（$P<0.05$）。沼液中的重金属浓度低于猪粪水，可见经过沼气工程能削减一部分重金属的含量，转变重金属的形态，使其更多以残渣态形式累积在沼渣中。针对沼液中重金属浓度较高的情况，在沼液农田利用时应关注重金属在土壤中的累积、迁移特征，保证土壤安全和可持续利用。

表 2-6　猪粪水和沼液中重金属统计分析

理化指标	类型	最大值	最小值	平均值	标准误差	CV（%）
Zn	猪粪	61.94	1.61	21.36	4.37	91.57
	沼液	20.62	0.93	8.39	1.58	84.03
Cu	猪粪	20.93	0.10	6.14	1.51	109.81
	沼液	10.14	0.00	2.18	0.55	113.64
As	猪粪	1.31	0.00	0.29	0.08	112.11
	沼液	2.31	0.00	0.33	0.12	160.24
Cr	猪粪	1.01	0.00	0.13	0.05	169.42
	沼液	0.18	0.00	0.06	0.01	83.93
Cd	猪粪	0.02	0.00	0.002	0.001	328.00
	沼液	0.01	0.00	0.003	0.001	167.03
Pb	猪粪	0.24	0.00	0.04	0.01	134.38
	沼液	0.33	0.00	0.05	0.02	187.70
Mn	猪粪	14.40	0.52	4.41	0.84	85.30
	沼液	8.68	0.13	1.52	0.43	126.67
Ni	猪粪	0.44	0.00	0.09	0.02	117.69
	沼液	0.20	0.00	0.04	0.01	120.33

注：指标单位为 mg/L。

2.2 储存环节沼液成分差异

2.2.1 方法与材料

以四川雪宝乳业集团有限公司位于绵阳市安州区的鸿丰奶牛养殖场沼液储存体系为调查对象，2020年11月，调查收集奶牛场粪污处理及综合利用工程以及配套消纳农田设施相关信息，包括牛场沼液储存条件、储存深度、储存时间，以及沼液田间施用控制阀门的位置和数量等。沼气工程反应罐产生的沼液通过多级沉淀池输送到牛场内沼液池，牛场内沼液池装满后通过铺设的管网输送到牛场外沼液储存池和山顶沼液储存池储存。结合当地调查与作物施肥情况，储存池沼液平均储存时间为3~6个月，储存条件均为砖混结构露天储存。本次沼液样品来源于牛场内沼液池、牛场外沼液储存池、山顶沼液储存池。牛场内沼液池长宽高为40 m×30 m×3.5 m，总池容为4 200 m³；牛场外沼液储存池总池容为3 000 m³（池深为3 m）；山顶沼液储存池容积约为11 000 m³（池深为5 m），中间利用隔墙分为前端和后端两个部分，二者通过底部孔洞连通，沼液储存深度约为3.3 m，采样深度分别为水下0.4 m、水下1.6 m、水下2.8 m。

将沼液采集到洗净干燥的塑料瓶内，以《水质采样 样品的保存和管理技术规定》（HJ 493—2019）内的水样保存方法保存，带回实验室及时分析沼液养分相关指标（pH、COD、TN、TP、NH_4^+-N、NO_3^--N）。具体测定方法见表2-7。

表2-7 沼液主要分析指标与方法

测定项目	测定方法	方法来源
pH	PHS-2C型精密酸度计	《水和废水监测分析方法》
COD	快速消解分光光度法	HJ/T 399—2007
TN	碱性过硫酸钾消解紫外分光光度法	HJ 636—2012
TP	钼酸铵分光光度法	GB 11893—1989
NH_4^+-N	纳氏试剂分光光度法	HJ 535—2009
NO_3^--N	紫外分光光度法	HJ/T 346—2007

2.2.2 不同储存位置沼液成分

3 个不同储存位置的沼液理化性质见表 2-8。牛场内沼液池中的沼液 pH 比牛场外沼液储存池、山顶沼液储存池低，这是由于以粪便尤其是牛粪便为原料的沼气工程进料负荷高，沼液在厌氧发酵过程中发酵原料没有充分降解，沼液排出后在储存静置过程中会继续进行产甲烷阶段发酵，消耗前期产生的有机酸，使 pH 升高。对于 COD，牛场内沼液池中的新鲜沼液明显高于牛场外沼液储存池、山顶沼液储存池，沼液储存后 COD 降低幅度分别为 69.95% 和 80.65%，这也表明沼气工程原料有机物分解不完全，储存过程中会进一步分解，同时悬浮物质携带有机物沉降也进一步降低沼液中的 COD。

表 2-8　不同储存位置沼液理化性质

沼液来源	总氮	氨氮	硝态氮	总磷	COD	pH
牛场内沼液池	4 270.73	536.72	205.73	494.55	28 137.10	7.57
牛场外沼液储存池	1 647.90	174.90	142.35	45.57	8 455.65	8.00
山顶沼液储存池	1 355.85	204.51	158.66	46.97	5 443.55	7.97

注：除 pH 以外，其余指标单位均为 mg/L。

总氮、氨氮、硝态氮含量储存过程中呈现下降趋势，总氮、氨氮平均下降约 65%，硝态氮下降幅度相对较少，平均下降 26.84%（表 2-9）。这是因为在存储前期沼液从牛场内沼液池输送到储存池是一个持续输送状态，氧气充足，沼液内氨化菌、硝化菌作用强烈，氨化作用和硝化作用使沼液中无机氮主要以氨氮、硝态氮的形式存在，存储后期静置缺氧，pH 升高，部分氨氮以氨气形式挥发，硝化作用也会使氨氮转化为硝态氮，而硝态氮比较稳定，故硝态氮下降幅度小于氨氮下降幅度。

表 2-9　不同储存位置沼液性质变化率　　　　　　　　　　（%）

田间施用沼液来源	总氮	氨氮	硝态氮	总磷	COD	pH
牛场外沼液储存池	-61.41	-67.41	-30.81	-90.79	-69.95	5.68
山顶沼液储存池	-68.25	-61.90	-22.88	-90.50	-80.65	5.28
平均值	-64.83	-64.65	-26.84	-90.64	-75.30	5.48

注：变化率是相对于新鲜沼液，以牛场内沼液池数据为准。

总磷下降幅度达 90% 以上，远大于其他指标（表 2-9）。这一方面源于沼液继续发酵，微生物生长消耗一部分磷，另一方面是由于沼液中的磷部分存在于悬浮颗粒物中，新鲜产出沼液处于搅拌混合状态，储存静置过程中悬浮颗粒物会沉淀到储存池底部，在未搅动的情况下沼液总磷含量会大幅度下降。由于沼液在储存过程中养分浓度变化较大，在沼液田间施用时应关注不同储存方式和储存时间带来的变化对施用量的影响，保证沼液氮磷的高效利用。

2.2.3　不同储存深度沼液成分

不同储存深度的沼液样品来自山顶沼液储存池，不同储存深度沼液养分变化见表 2-10。两部分储存池内沼液总氮含量均随着储存深度的增加而减少，且不同深度存在显著差异性（$P<0.05$）。前端不同深度的总氮含量随深度变化幅度比后端小，这是由于前端频繁进样产生搅动，而后端是由底部孔洞渗透，沼液中总氮分层分布特征明显。由于前端管道进样搅动含氧量更充足，沼液总氮在相同储存时间下被消耗得更多，每个深度后端比前端沼液总氮含量高。

表 2-10　不同储存深度沼液养分变化

储存深度		总氮	氨氮	硝态氮	总磷	COD	pH
前端	水下 0.4 m	893.40	554.01	113.88	58.81	4 764.91	7.86
	水下 1.6 m	877.32	514.02	139.29	50.38	5 113.71	7.86
	水下 2.8 m	872.41	636.79	183.81	53.59	8 672.45	7.84
后端	水下 0.4 m	2 449.48	333.21	168.59	42.65	3 495.17	8.24
	水下 1.6 m	1 917.41	167.88	169.79	34.57	5 090.80	8.13
	水下 2.8 m	1 123.89	384.80	174.88	41.52	5 551.19	7.94

注：除 pH 以外，其余指标单位均为 mg/L。

沼液储存池内氨氮呈现底层氨氮浓度最大，中间层氨氮浓度最低，不同储存深度间均存在显著差异性。与总氮相反的是，后端沼液氨氮浓度比前端低，说明在前端沼液总氮在氧气充足情况下更多地转化成无机氮（尤其是氨氮），同时部分氨氮被吸附沉降，部分氨挥发上浮，导致两部分储存池上层和下层氨氮含量比中间层高。硝态氮与总氮、氨氮有所不同，硝态氮浓度随着储存深度增加而增加，前端不同储存深度硝态氮含量差异性显著（$P<0.05$），后端无明显差异（$P>0.05$），表明储存池前端硝态氮分层明显，而后端较均匀。这可能是由于长时间静置储存，沼液硝态氮与颗粒物一起吸附沉降，导致前端底部硝态氮浓度最高；后端沼液是前端沼液进液后通过底部缺口渗入，渗入过程相当于一个过滤作用，这导致后端的硝态氮分布更为均匀，前端颗粒物更多，更容易沉降，表层和中层含量相对后端较低。张丽萍等（2018）研究发现，沼液在储存后氨氮含量逐渐减少，硝态氮含量则逐渐增加，但本研究氨氮含量减少64.65%时，硝态氮也减少26.84%。这与沼液的输送过程有很大关系，新产生沼液要经过牛场内沼液池初步存放再输送到储存池内，这个过程会造成硝态氮的部分损失，储存中硝态氮的增加未完全抵消输送过程的损失，最终表现为减少幅度低于总氮、氨氮。

储存池前端与后端沼液总磷分层分布规律相似，表层和底层含量相对较高，中间层含量最低，这是因为在沼液通过管道运输到储存池前有一个短暂絮凝过程，部分磷酸根离子被吸附下沉，输送后的沼液悬浮颗粒物沉降不会影响底部沼液磷含量。前端不同储存深度差异显著，后端表层和底层无明显差异，不同深度均是前端总磷浓度大于后端。这是由沼液进样顺序决定的，沼液从管道进入前端后再渗入后端，使后端整体含磷量低于前端，且经过前端初沉后，后端沼液中颗粒物总磷含量相对较少，不同深度总磷分布差异较小。

沼液中 COD 浓度与存储深度密切相关，随着存储深度增加，COD 浓度显著增加。COD 浓度与有机质含量密切相关，沼液出料时含有部分未完全消解的悬浮颗粒物，在储存过程中悬浮颗粒物会逐渐沉降到储存池底部，使底部 COD 含量增加，同时表层含氧量大于底层，沼液中微生物会进一步消耗有机质，降低表层 COD 含量。前端每个深度沼液 COD 含量均大于后端，表层和底层具有显著差异（$P<0.05$），这是因为后端进样时颗粒物含量小于前端，可溶性有机物占比更大，COD 分布更为均匀。

同一个储存池内相同储存条件下，不同的储存深度下沼液总氮、总磷、COD 等养分含量差异明显。在沼液还田利用时，同一个储存池内不同时间放出的沼液养分含量与不同储存深度的沼液养分含量密切相关，这对沼液的具体施用会产生较大影响。在沼液田间施用时应关注沼液源头的深度变化，以减少不同的储存深度对施用量的影响，或者采取措施使沼液储存池不同深度进行混合，减小沼液养分空间分布的变异性。

2.3 施用环节沼液成分差异

2.3.1 方法与材料

以四川雪宝乳业集团有限公司位于绵阳市安州区的鸿丰奶牛养殖场沼液输送管网为调查对象，对施用环节不同施用位置的沼液进行采样，在沼液输送管网末端每间隔 40~60 min 采 1 次沼液。不同地块沼液分别来源于牛场内沼液池、牛场外沼液储存池和山顶沼液储存池。以《水质采样 样品的保存和管理技术规定》（HJ 493—2019）内的水样保存方法保存，带回实验室及时分析沼液养分相关指标（pH、COD、TN、TP、NH_4^+-N、NO_3^--N）。沼液田间施用末端采样共计 30 个样点，每个样点各两瓶，共计 60 瓶。各样品基本信息见表2-11。

表 2-11 田间沼液采样基本信息

田间施用沼液来源	序号	样品编号	控制阀门编号	采样时间	序号	样品编号	控制阀门编号	采样时间
牛场内沼液池	1	S-1-1	1	9:50	7	S-3-1	3	9:50
	2	S-1-2	1	10:30	8	S-3-2	3	10:30
	3	S-1-3	1	11:20	9	S-3-3	3	11:20
	4	S-2-1	2	9:50	10	S-7-1	7	14:00
	5	S-2-2	2	10:30	11	S-8-1	8	14:00
	6	S-2-3	2	11:20				
牛场外沼液储存池	12	S-4-1	4	10:30	18	S-6-2	6	11:20
	13	S-5-1	5	10:30	19	S-6-3	6	15:00
	14	S-5-2	5	11:20	20	S-6-4	6	16:00
	15	S-5-3	5	15:00	21	S-9-1	9	15:10
	16	S-5-4	5	16:00	22	S-9-2	9	15:50
	17	S-6-1	6	10:30				

（续表）

田间施用沼液来源	序号	样品编号	控制阀门编号	采样时间	序号	样品编号	控制阀门编号	采样时间
	23	S-10-1	10	9：20	27	S-10-5	10	11：50
山顶沼液储存池	24	S-10-2	10	9：50	28	S-10-6	10	14：30
	25	S-10-3	10	10：20	29	S-10-7	10	15：00
	26	S-10-4	10	11：00	30	S-10-8	10	16：00

2.3.2　施用环节沼液成分的空间变异

施用环节不同施用位置沼液成分的空间变异性统计结果见表 2-12。不同施用位置沼液 pH 介于 7.51~8.16，平均值为 7.90，偏弱碱性。沼液 COD 浓度介于 858.87~39 629.03 mg/L，平均值为 10 765.46 mg/L。总磷浓度介于 25.71~874.03 mg/L，平均值为 178.26 mg/L。不同施用位置沼液的总氮、氨氮和硝态氮浓度分别为 2 498.90 mg/L（438.08~6 042.73 mg/L）、319.03 mg/L（115.17~670.23 mg/L）和 182.00 mg/L（115.68~295.24 mg/L）。依据 Wilding 和 Drees（1983）建立的变异性分级标准，沼液 pH 为弱变异，硝态氮的变异性为中等变异（CV>10%），COD、总磷、总氮、氨氮的变异性为强变异（CV>35%）。这些结果表明，田间沼液施用过程中不同位置采集的沼液的成分差异明显。

表 2-12　施用环节沼液成分的空间变异性统计结果

指标	数据量	最小值	最大值	平均值	标准差 SD	CV（%）
pH	30	7.51	8.16	7.90	0.22	2.84
COD	30	858.87	39 629.03	10 765.46	9 645.29	89.59
总磷	30	25.71	874.03	178.26	228.32	128.08
总氮	30	438.08	6 042.73	2 498.90	1 768.24	70.76
氨氮	30	115.17	670.23	319.03	175.26	54.94
硝态氮	30	115.68	295.24	182.00	37.21	20.45

注：除 pH 以外，其余指标单位均为 mg/L。

2.3.3 施用环节沼液成分的时间变异

沼液分别从牛场内沼液池、牛场外沼液储存池、山顶沼液储存池通过管道输送到田间，为了分析不同时间从管道排出来沼液成分的变异性，计算了牛场内沼液池、牛场外沼液储存池、山顶沼液储存池输送的沼液成分的变异系数，施用环节沼液 pH、COD、总磷、总氮、氨氮、硝态氮的时间变异性统计结果见表 2-13。

表 2-13 施用环节沼液成分的时间变异性统计结果

理化指标	指标	数据量	最小值	最大值	平均值	SD	CV（%）
牛场内沼液池	pH	11	7.51	7.76	7.62	0.06	0.82
	COD	11	4 040.32	39 629.03	18 186.22	10 185.97	56.01
	总磷	11	97.60	874.03	429.87	193.39	44.99
	总氮	11	1 929.38	6 042.73	4 373.37	1 040.82	23.80
	氨氮	11	363.15	670.23	527.61	91.45	17.33
	硝态氮	11	137.59	207.28	181.30	17.64	9.73
牛场外沼液储存池	pH	11	8.01	8.16	8.10	0.04	0.48
	COD	11	858.87	16 995.97	9 128.67	6 128.44	67.13
	总磷	11	25.71	30.44	27.20	1.31	4.80
	总氮	11	438.08	2 961.11	1 929.65	986.73	51.13
	氨氮	11	141.52	301.74	222.84	41.35	18.56
	硝态氮	11	118.54	200.04	168.75	24.04	14.25
山顶沼液储存池	pH	8	7.84	8.10	7.99	0.07	0.86
	COD	8	1 975.81	3 524.19	2 812.50	533.63	18.97
	总磷	8	38.50	45.04	40.02	2.00	5.00
	总氮	8	581.37	811.67	704.20	89.82	12.75
	氨氮	8	115.17	212.22	164.50	32.82	19.95
	硝态氮	8	115.68	295.24	201.17	56.45	28.06

注：除 pH 以外，其余指标单位均为 mg/L。

3 个沼液储存池输送的沼液 pH 均呈弱碱性，牛场内沼液池输送的沼液比牛场外沼液储存池、山顶沼液储存池放出的沼液 pH 均低，这与沼液储存池内采样 pH 相对应。同一沼液池放出的沼液 pH 变化均不大，变异系数在 0.48%~0.86%，说明同一源头的沼液在施用时几乎不用考虑 pH 变化对施用量带来的影响。牛场内沼液池、牛场外沼液储存池、山顶沼液储存池输送的沼液 COD 变异系数分别为 56.01%、67.13%、18.97%，这种差异可能与输送距离、沼液储存池内的 COD 含量分布、储存深度等有关。牛场内沼液池输送的沼液总磷的变异系数为 44.99%，属于强变异（CV>35%），而牛场外沼液储存池、山顶沼液储存池输送的沼液总磷变异系数为 4.80% 和 5.00%，属于弱变异（CV<10%），表明储存后的沼液总磷分布更均匀。牛场外沼液储存池输送的沼液总氮变异性为强变异，而牛场内沼液池、山顶沼液储存池输送的沼液总氮变异性为中等变异。3 个沼液储存池输送的沼液氨氮变异系数的差异不大，为 17.33%~19.95%，属于中等变异。对于硝态氮，牛场内沼液池输送的沼液硝态氮变异性为弱变异，而牛场外沼液储存池和山顶沼液储存池输送的沼液硝态氮变异性为中等变异。

3 养殖场沼液还田精准调控与高效利用

沼液还田关注的重点包括沼液施用的频次、具体施用量、施用方式和施用方法。沼液的合理施用量与沼液的养分含量、区域土壤养分含量、气候和种植作物等因素息息相关，对沼液还田进行合理高效的施用量估算，是沼液氮磷养分资源利用的关键。基于盆栽试验，以养分的高效利用为试验方案设计核心，以作物的不同施肥总量、沼液不同替代化肥比例、是否追肥等不同施肥方式进行试验，确定青贮玉米的一般需肥量，分析沼液与化肥不同比例配合施用对玉米产量与土壤氮磷的影响，确定沼液还田的氮磷高效利用方式，为沼液还田的大田施用提供合理的施用量和利用方式。

3.1 不同施氮量对土壤养分和玉米生长的影响

3.1.1 材料与方法

试验土壤类型为紫色土，将其自然风干后除去石块后破碎混匀备用。盆栽试验选用直径 30 cm、高 25 cm 的圆形花盆，每盆约装 8.5 kg 风干土壤，混匀摇平后保持土层深度为 20 cm，折算成大田土壤面积约为 0.094 2 m^2。试验用土样基本性质见表 3-1。盆栽选用作物为市售普通杂交玉米，其品种为濮单 6 号。

表 3-1　盆栽土壤基本理化性质

指标	全氮 （g/kg）	全磷 （g/kg）	碱解氮 （mg/kg）	速效磷 （mg/kg）	有机碳 （g/kg）
数值	0.91	0.70	86.22	22.61	9.94

试验以玉米目标产量和需氮量来设置不同施肥量，在满足玉米需磷肥钾肥基础上，以不同理论需氮量设置 6 组施用化肥梯度，每组试验均设置两种不同施肥方式，第一种将氮肥的 60% 作基肥、40% 作追肥，第二种为氮肥 100% 作基肥，两种方式下磷肥钾肥均作底肥（表 3-2）。盆栽试验用到的化肥为磷酸二氢钾（KH_2PO_4）、氯化钾（KCl）、尿素（CH_4N_2O），均为分析纯化学试剂，其中尿素含有 46% 的氮（N），磷酸二氢钾含有 24% 五氧化二磷（P_2O_5）和27% 氧化钾（K_2O），氯化钾含有 62.7% 氧化钾（K_2O）。

表 3-2　化肥组盆栽肥料施用量　　　　　　　　　　　　　（g）

氮肥占理论需肥量比例	施肥方式	底肥		追肥	
		尿素	磷酸二氢钾	氯化钾	尿素
120%	追肥	1.691	5.401	0.391	1.127
	一次性施肥	2.818	5.401	0.391	—
100%	追肥	1.409	5.401	0.391	0.939
	一次性施肥	2.348	5.401	0.391	—
80%	追肥	1.127	5.401	0.391	0.751
	一次性施肥	1.879	5.401	0.391	—
60%	追肥	0.845	5.401	0.391	0.564
	一次性施肥	1.409	5.401	0.391	—
40%	追肥	0.564	5.401	0.391	0.376
	一次性施肥	0.939	5.401	0.391	—

此次盆栽试验参考养殖场对青贮玉米的采收标准，即玉米到生长蜡熟期连叶带秆作青贮饲料，故以鲜重计算需肥量。调查得知青贮玉米秸秆（含玉米籽粒）现年产量 60 t/hm² 左右，籽粒约占总鲜重的 20%，籽粒含水率为 40%，即青贮玉米的干籽粒年产量约为 7.2 t/hm²。目标产量以上一年度的实际产量上浮 10% 为宜，即目标产量为 7.92 t/hm²。通过查阅《肥料手册》（北京农业大学《肥料手册》编写组，农业出版社）可知玉米籽粒的每 100 kg 经济产量所吸收的养分量分别为：氮（N）2.57 kg，五氧化二磷（P_2O_5）0.86 kg，氧化钾（K_2O）2.14 kg。

作物养分吸收量（kg）＝ 目标产量（t）× 每吨经济产量养分吸收量（kg），青贮玉米作物目标产量条件下养分吸收量计算为：氮（N）203.6 kg/hm²，五氧化二磷（P_2O_5）68.1 kg/hm²，氧化钾（K_2O）169.5 kg/

hm^2。根据不同化肥的含肥量与盆栽面积换算，折合为每盆需要尿素 2.348 g、磷酸二氢钾 5.401 g 和氯化钾 0.391 g。具体施肥量见表 3-2。

2020 年 6 月，化肥先施在土层下 5 cm，在播种玉米后覆一层薄土，一个花盆内撒 3~4 颗种子，11 种处理各做 3 次平行处理，共计播种 33 盆。播种后浇透水，此后根据土壤湿度适量浇水，出苗 1 周后进行疏苗，每盆留 1 株。疏苗后持续进行田间管理与适量浇水，天气炎热则多补充水分以避免植株生长不均匀。7 月，玉米植株生长到拔节期后，对需要追肥的处理按施肥量进行施肥。玉米植株到蜡熟期即认为青贮玉米成熟，判断成熟的标准为外表观察玉米穗胡须变黑，玉米穗粒有浆变硬，9 月玉米成熟收获后进行植株叶片生理情况（地面叶片重量、根重、株高、最大茎围、叶片数、最大叶长、最大叶宽）测定和土壤基本性质（pH、含水率、全氮、全磷、有机碳、硝态氮、铵态氮、碱解氮、速效磷）测定。具体测定方法标准见表 3-3。

表 3-3　土壤主要分析指标与方法

测定项目	测定方法	方法来源
pH	1∶2.5 土水比浸提-酸度计	《土壤农业化学分析方法》
含水率	烘干法	《土壤农业化学分析方法》
全氮	自动定氮仪法	NY/T 1121.24—2012
全磷	酸溶-钼锑抗比色法	《土壤农业化学分析方法》
有机碳	重铬酸钾外加热法	NY/T 1121.6—2006
硝态氮	紫外分光光度法	GB/T 32737—2016
铵态氮	氯化钾溶液提取-纳氏试剂分光光度法	HJ 634—2012
碱解氮	碱解扩散法	《土壤农业化学分析方法》
速效磷	$NaHCO_3$ 浸提-钼锑抗比色法	HJ 704—2014

3.1.2　不同施氮量对土壤养分的影响

除施氮量 80% 处理以外，各施肥梯度的追肥处理土壤全氮含量均大于一次性施肥处理（图 3-1）。随着施氮量的增加，土壤全氮含量呈现先降低后增加的趋势，表明随施氮量的增加，氮肥利用率也增加，土壤中剩余全氮含量增加幅度不大。土壤碱解氮随施氮量的增加而增加，这与作物生长趋势一致，当施氮量低于 80% 时，追肥方式的土壤碱解氮含量低于 CK，当施氮量低于

100%时，一次性施肥方式的土壤碱解氮含量低于 CK（图 3-2）。这一结果显示出氮肥施用量不足时，土壤中碱解氮消耗更大且未得到补充，玉米对土壤中氮的利用主要是利用碱解氮，且碱解氮由施用总氮转化而来，而追肥方式使低氮肥施用量处理的碱解氮利用率增加，在施氮量 60%、80%时，追肥方式的土壤碱解氮含量大于一次性施肥方式。

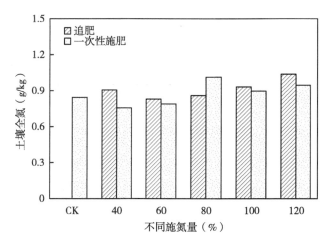

图 3-1　不同施氮量处理土壤全氮含量变化

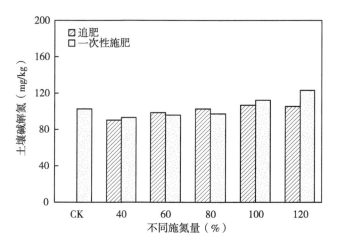

图 3-2　不同施氮量处理土壤碱解氮含量变化

土壤铵态氮和硝态氮的变化则与施肥方式和施氮量梯度无明显关系（图 3-3 和图 3-4）。土壤铵态氮整体含量均不高，在追肥条件下，施氮量 100%处理土壤铵态氮含量最低，而施氮量 120%处理土壤铵态氮含量最高。在一次性施肥条件下，施氮量 80%处理土壤铵态氮含量最低，施氮量 40%处理土壤铵态氮含量最高。土壤硝态氮除了追肥方式施氮量 120%处理外，CK 处理土壤硝态氮含量普遍高于各处理，这主要是由于 CK 处理根系生长缓慢，且土壤含水率长时间保持高位，硝态氮的累积增加。

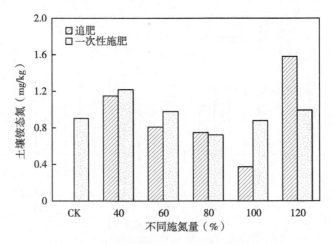

图 3-3　不同施氮量处理土壤铵态氮含量变化

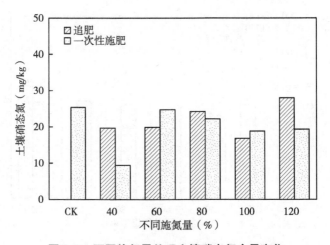

图 3-4　不同施氮量处理土壤硝态氮含量变化

在各种施肥处理下，土壤全磷含量变化与 CK 空白处理差异不大，仅施氮量 80%处理追肥方式的土壤全磷增加较多，达 51.27%（图 3-5）。土壤速效磷含量随施氮量增加而减少,追肥处理的土壤速效磷含量总是大于一次性施肥的含量(图3-6)。这些结果表明,氮肥施用量对土壤速效磷影响较大,对土壤全磷影响不大,同时受不同施用方式的影响,追肥时土壤速效磷含量较高。

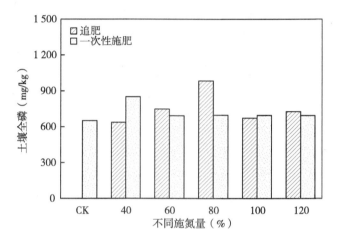

图3-5　不同施氮量处理土壤全磷含量变化

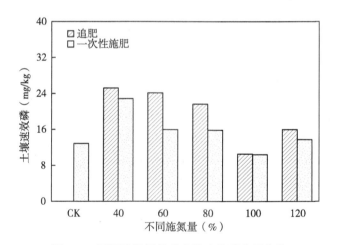

图3-6　不同施氮量处理土壤速效磷含量变化

3.1.3 不同施氮量对玉米生长的影响

不同施氮量处理青贮玉米单株重量均大于对照，且在同一氮肥量条件下，青贮玉米单株重量均表现为追肥大于一次性施肥（图3-7）。对于追肥方式，青贮玉米单株重量随施氮量的增加呈现明显增加趋势，当氮肥量为理论需氮量120%时，青贮玉米单株重量最大，比对照增长76.53%；而对于一次性施肥，玉米单株重量随着施肥量增加呈现先增加后降低的趋势，当施肥量为理论需肥量80%时最大。这说明追肥使氮肥利用效率大于一次性施肥，使用追肥方式增大施肥量可以获得更高的玉米产量。

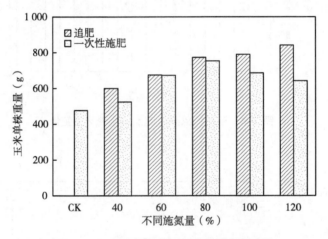

图3-7 不同施氮量处理玉米单株重量变化

氮肥是作物根茎叶生长的主要养分之一，氮肥的丰缺对玉米植株的叶片和根部影响显著。对于追肥方式，玉米叶片重量随着施氮量增加而呈增加趋势，然而对于一次性施肥方式，玉米叶片重量随着施氮量的增加呈现先增加后降低的趋势，在理论施氮量80%时达到最大值（图3-8），表明玉米叶片重量增加与施氮肥量增加有密切关系，同时受施肥方式影响。追肥方式的玉米叶片重量大于一次性施肥，可见分批施肥有助于氮肥的利用。不同施肥方式玉米根部重量变化差异较大，玉米根部重量在理论需氮量100%和60%时较大，施肥量在理论需氮量80%和120%时根部重量相对较小（图3-9）。

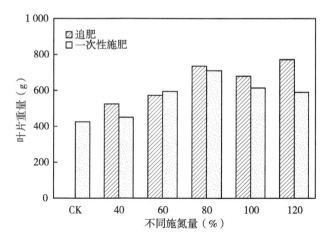

图3-8 不同施氮量处理玉米叶片重量变化

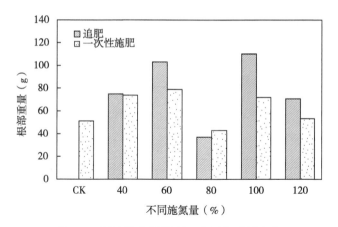

图3-9 不同施氮量处理玉米根部重量变化

不同施氮量青贮玉米高度均表现为追肥方式大于一次性施肥方式，差距最大的为施氮量40%处理（图3-10）。随着施氮量的增加，两种施肥方式青贮玉米高度均呈现先增加后减少趋势，在施氮量80%处理时达到最高。不同施肥量处理下青贮玉米的最大叶宽、最大叶长、叶片数量、最大径围差异不明显（图3-11至图3-14）。追肥方式下的玉米最大叶宽、最大叶长和最大茎围均大于相同施氮量处理的一次性施肥方式，追肥方式施氮量120%时玉米最大茎围和叶片数量最大，最大叶长出现在追肥方式下施氮量100%处理。这个结果表明，在满足磷钾肥的情况下，不同的施氮量对玉米最大茎围、叶片数量、最大叶长影响不大，但不同的施肥方式有一定影响。

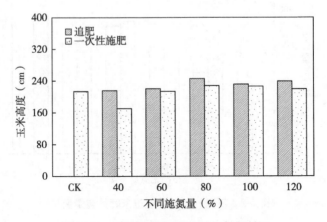

图 3-10　不同施氮量处理玉米高度变化

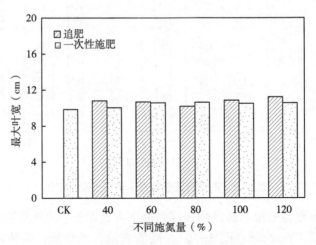

图 3-11　不同施氮量处理玉米最大叶宽变化

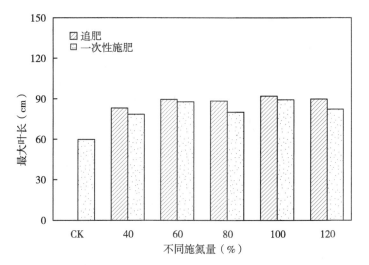

图 3-12　不同施氮量处理玉米最大叶长变化

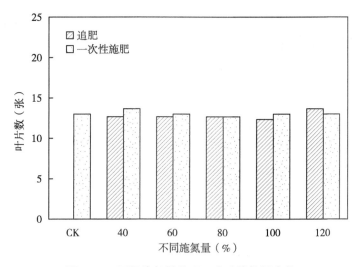

图 3-13　不同施氮量处理玉米叶片数量变化

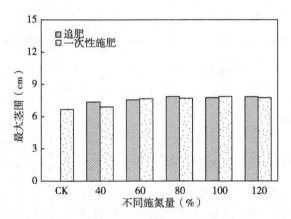

图 3-14　不同施氮量处理玉米最大茎围变化

3.2　沼液替代化肥比例对土壤养分和玉米生长的影响

3.2.1　材料与方法

在 3.1 确定的施氮量基础上，进行沼液替代化肥比例试验。试验过程与 3.1.1 相同，不同的是以沼液和化肥配比 6 组不同比例，由于沼液中含有部分磷肥钾肥，不足部分由化肥补足，另外设置一组不施肥的空白做对照。每组试验设置两种不同施肥方式，第一种将氮肥的 60% 作基肥、40% 做追肥，第二种为氮肥 100% 做基肥，磷肥钾肥均做底肥。沼液取自四川雪宝乳业集团有限公司鸿丰奶牛养殖场，施用前测得沼液中氮含量 1.035 g/kg、磷含量 0.499 g/kg、钾含量 0.928 g/kg。沼液替代化肥比例具体见表 3-4。种植时间、种植周期与 3.1.1 相同，本组试验 13 种处理各做 3 次平行处理，共计播种 39 盆。7 月对需要追肥的处理按施肥量进行追肥，9 月玉米成熟后进行采样分析。

表 3-4 沼液不同替代化肥比例盆栽肥料施用量

沼液替代化肥氮的比例	施肥方式	底肥				追肥	
		磷酸二氢钾（g）	氯化钾（g）	尿素（g）	沼液（mL）	尿素（g）	沼液（mL）
100%	追肥	0.979	0.423	0.000	694.72	0.000	463.15
	一次性施肥			0.000	1 157.87	—	—
80%	追肥	1.084	0.612	0.282	555.75	0.188	370.50
	一次性施肥			0.470	926.25	—	—
70%	追肥	1.137	0.707	0.423	486.28	0.282	324.19
	一次性施肥			0.704	810.46	—	—
60%	追肥	1.190	0.802	0.564	416.81	0.376	277.87
	一次性施肥			0.939	694.68	—	—
40%	追肥	1.295	0.991	0.845	277.87	0.564	185.25
	一次性施肥			1.409	463.12	—	—
20%	追肥	1.401	1.181	1.127	138.94	0.751	92.63
	一次性施肥			1.879	231.56	—	—

3.2.2 沼液替代化肥比例对土壤养分的影响

不同沼液替代化肥比例下追肥方式的土壤有机碳含量总是高于一次性施肥，在沼液替代化肥比例较低时差异较大，沼液替代化肥比例增加到 100% 时，差异减少为 2.07%（图 3-15）。两种施肥方式的土壤有机碳含量都随沼液替代化肥比例的增加而增大，但差异不明显，有机碳含量最大达

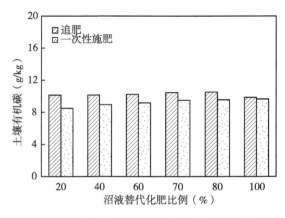

图 3-15 不同沼液替代化肥比例对收获后土壤有机碳含量的影响

10.52 g/kg，说明沼液施用量的增加与土壤有机碳含量的增加有直接关系，且追肥处理有机碳含量增加效果更明显。

在追肥方式中，随着沼液替代化肥比例增加，土壤全磷含量先增加后减少，在沼液替代化肥比例70%时达到最大（图3-16），而在一次性施肥方式中，土壤全磷含量在沼液替代化肥比例20%和80%处理相对较高（图3-17），其他处理无明显差异。速效磷含量在两种施肥方式均是随沼液替代化肥比例增加而先增加后减少，在沼液替代化肥比例60%、70%时速效磷含量较大。土壤全磷仅在沼液替代化肥比例60%、70%处理时追肥方式大于一次性施肥方式，其余处理则相反，土壤速效磷和土壤全磷变化一致，这表示在60%和70%沼液替代化肥比例下，追肥使土壤全磷和速效磷含量累积增加。

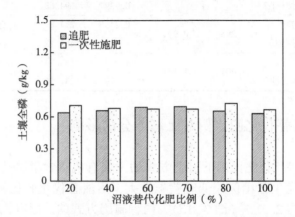

图 3-16　不同沼液替代化肥比例对收获后土壤全磷含量的影响

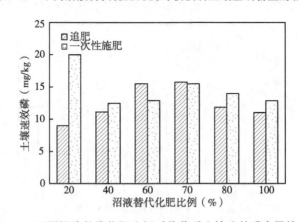

图 3-17　不同沼液替代化肥比例对收获后土壤速效磷含量的影响

随着沼液替代化肥比例增加，土壤全氮、碱解氮、铵态氮和硝态氮含量均呈现先增加后减少趋势，土壤全氮、铵态氮和硝态氮在沼液替代化肥比例80%时含量最高，而土壤碱解氮在沼液替代化肥比例70%时含量最高（图3-18至图3-21）。土壤全氮在两种施肥方法下差异不明显，碱解氮表现为一次性施肥方式大于追肥方式。土壤铵态氮含量在沼液替代化肥比例较低（≤70%）时一次性施肥大于追肥方式，而在沼液替代化肥比例较高（80%和100%）时一次性施肥小于追肥方式（图3-20），土壤硝态氮与土壤铵态氮呈现相反特征（图3-21），表明在以沼液肥为主的施肥中，追肥有利于土壤铵态氮的累积，而在以化肥为主的施肥中，追肥有利于硝态氮的累积。

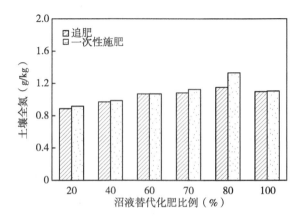

图 3-18　不同沼液替代化肥比例对收获后土壤全氮含量的影响

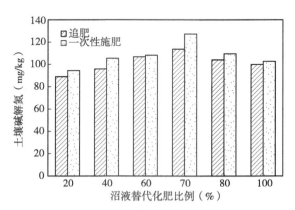

图 3-19　不同沼液替代化肥比例对收获后土壤碱解氮含量的影响

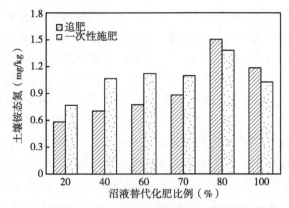

图 3-20 不同沼液替代化肥比例对收获后土壤铵态氮含量的影响

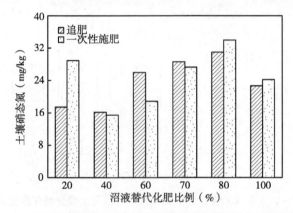

图 3-21 不同沼液替代化肥比例对收获后土壤硝态氮含量的影响

3.2.3 沼液替代化肥比例对玉米生长的影响

随着沼液替代化肥比例增加，两种施肥方式下玉米单株重量与叶片重量都先增加后减少，均在沼液替代化肥比例 60% 和 70% 较大（图 3-22 和图 3-23）。沼液替代化肥比例 ≤70% 时，一次性施肥的玉米单株重量与叶片重量大于追肥，在沼液替代化肥比例更高的处理下，追肥的玉米单株重量与叶片重量大于一次性施肥。在保证施肥总量相同的情况下，沼液施用占比较低时，一次性施肥效果比追肥施肥效果更好，当沼液施用占比增加到 80% 以上时，追肥效果比一次性施肥效果更好。这是因为沼液属于液态肥料，大部分养分属于水溶速效状态，一次性施肥后养分可能随径流损失；此外，由于沼液施用量比较大，一次性施用可能产生渗漏，导致部分沼液养分流失，追肥可以减少单次沼液施用量。

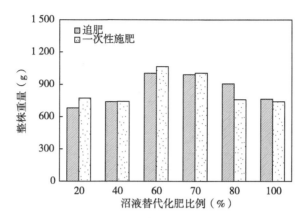

图 3-22　不同沼液替代化肥比例对玉米整株重量的影响

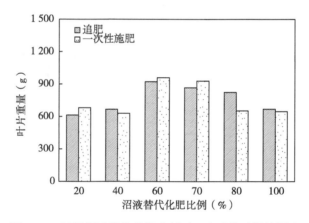

图 3-23　不同沼液替代化肥比例对玉米叶片重量的影响

玉米根部重量在沼液替代化肥比例为70%时生长最为旺盛（图3-24），可以明显观察到根部细须增多，此时追肥处理的根部重量比一次性施肥的重量高39.01%。玉米株高和最大叶宽在沼液替代化肥比例60%时达到最大值（图3-25和图3-26），最大叶长、叶片数量、最大茎围在沼液替代化肥比例70%时达到最大值（图3-27至图3-29），且在最佳条件时一次性施肥处理效果均好于追肥。结合几个玉米生理性状指标可以发现，沼液替代化肥比纯化肥组和空白组对青贮玉米生长情况效果更佳，且在沼液替代化肥比例较高的情况下，一次性施肥效果好于追肥。

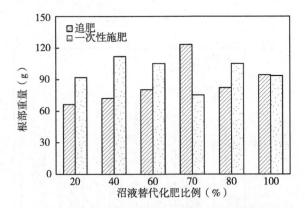

图 3-24　不同沼液替代化肥比例对玉米根部重量的影响

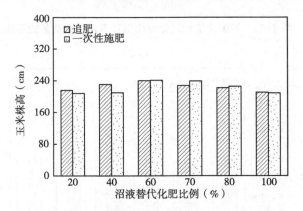

图 3-25　不同沼液替代化肥比例对玉米株高的影响

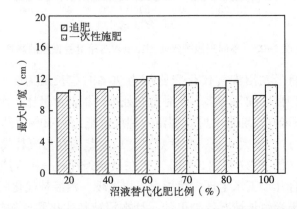

图 3-26　不同沼液替代化肥比例对玉米最大叶宽的影响

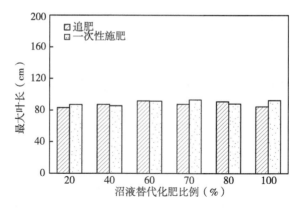

图 3-27　不同沼液替代化肥比例对玉米最大叶长的影响

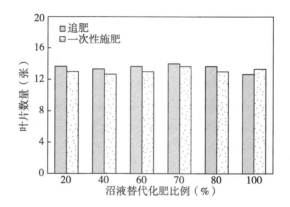

图 3-28　不同沼液替代化肥比例对玉米叶片数量的影响

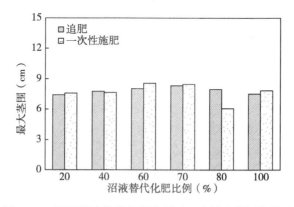

图 3-29　不同沼液替代化肥比例对玉米最大茎围的影响

4 养殖场沼液还田的环境效应

将沼液中养分向土壤中迁移、转化，直接供给农作物生长，是当前我国生态养殖与农业结合的主要发展模式，沼液中 Ca、Zn、Cu、Fe、As、Mn、Ni、Cr 等微量元素可以向土壤中补充钙、镁、锌、铜（倪亮等，2008），以及植物生长所需的生长激素等（邓良伟等，2017）。但在连年、多年沼液施用后，土壤中重金属 Cd、Pb 等不同程度地累积（管宏友等，2016），Zn 和 Cu 向深层土壤迁移（苗纪法等，2013）。杨乐等（2012）认为，沼液灌溉 5 年后土壤中重金属 Zn、Cu、Cr、As、Cd 有明显累积现象。江苏省某养殖场（周灵君等，2017）将沼液蔬菜灌溉后引起重金属 Zn、Ni、Cd 和 Pb 超出了相关标准限值（GB 15618—2008）。杨军芳等（2015）却认为，沼液农田利用不会对土壤重金属含量及有效态造成影响，更不会引起土壤重金属污染问题。刘思辰等（2014）研究显示，沼液简单物理处理后，沼液能高效、安全地利用。可见，沼液还田的环境影响还无定论，可能受沼液本身性质、沼液施用量、施用次数、当地降水量等多种因素影响。

4.1 短期施用沼液对土壤和蔬菜的影响

4.1.1 材料与方法

在绵阳市新桥镇选择较肥沃（FT）和贫瘠（ST）紫色土，分别取自平地和坡地的 0~10 cm 表层土，试验土样基本性质如下表 4-1 所示。自然风干、破碎、混合均匀备用，分别装于直径 44 cm、高 29 cm 的圆花盆中，每个花盆装土 15 kg，土层深度约为 20 cm，换算成面积为 0.28 m^2。

表 4-1　试验土样的基本理化性质及重金属含量

指标	pH	电导率 （uS/cm）	SOM （g/kg）	速效氮 （mg/kg）	速效磷 （mg/kg）	DOM （mg/kg）
FT	7.54	23.95	18.86±1.46	26.95±0.09	6.62±0.01	55.33
ST	7.15	26.90	15.56±1.05	20.62±0.05	1.68±0.57	56.53

在室内大棚种植当季蔬菜，共种植 3 季，2017 年 11 月种植第 1 季，蔬菜种类为生菜和萝卜；2018 年 5 月种植第 2 季，蔬菜种类为辣椒和莴笋；2018 年 9 月种植第 3 季，ST 处理在第 1、2 季的基础上做了一定调整，因为前两季蔬菜生长发现，在同等处理下，肥力较差的土（ST）的蔬菜叶片大多都变黄，第 3 季蔬菜在播种前对 ST 土壤进行沼液浇灌处理，1 次共 400 mL，蔬菜种类为青菜和萝卜。蔬菜出苗 10~15 d 后开始间苗，每种处理中预留 5 株幼苗，定期进行沼液浇灌，5~7 d 为宜，其间若遇天气炎热通过浇水补充水分。大棚盆栽试验所选择的沼液为绵阳市某规模化养猪场沼气工程，试验沼液的基本性质如表 4-2 所示。

表 4-2　试验沼液的基本性质

指标	pH	电导率	总残渣	COD	TN	TP	NH_4^+-N
沼液	7.82	6.02	4.92	3 288.1±402.0	1 158.8±177.1	33.3±8.6	556.4±137.2

注：除电导率单位为 mS/cm，总残渣单位为 g/L 外，其余单位均为 mg/L。

每种蔬菜中处理有：空白（CK）、沼液稀释处理和施用量处理，其中在稀释处理中沼液稀释 1 倍（XS1）、2 倍（XS2）、5 倍（XS5）、10 倍（XS10）、20 倍（XS20），每次施用沼液 400 mL（表 4-3）。在施用量处理选择沼液为稀释 5 倍后的沼液，各个处理分别是单次施用 100 mL（BS1）、200 mL（BS2）、500 mL（BS5）、1 000 mL（BS10）。

表 4-3　各季蔬菜不同处理沼液总施用量

稀释处理	第 1 季	第 2 季	第 3 季	施用量处理	第 1 季	第 2 季	第 3 季
XS1	3 800	2 500	5 400	BS1	1 200	500	900
XS2	3 800	2 500	5 400	BS2	2 400	1 000	1 800
XS5	3 800	2 500	5 400	BS5	6 000	2 500	4 500
XS10	3 800	2 500	5 400	BS10	12 000	5 000	9 000
XS20	3 800	2 500	5 400				

注：表中数值单位为 mL。

4.1.2 结果与分析

（1）土壤 pH、电导率及 DOM 的变化

土壤 pH、电导率及 DOM 的含量变化如表 4-4 所示。可以发现连续施用 3 季沼液后，根茎类和叶菜类种植后土壤中 pH、电导率及 DOM 的变化明显。施用沼液降低了土壤中 pH，不同稀释处理中，稀释倍数越低，pH 越低；不同沼液施用量处理下，pH 变化不如稀释处理明显，pH 由弱碱性向中性降低。施用沼液后能增强土壤电导率，其值大小随着稀释倍数的增加而降低，随着沼液施用量的增加而增加，连续多季过量施用沼液会造成土壤中盐分累积，可能引起土壤盐渍化等新的环境问题出现。土壤中水溶性有机碳（DOM）是当季植物直接、快速吸收养分的关键，要在短期内快速补充土壤的碳元素以及作物的营养。虽然土壤中有机质浓度较高，但是大部分有机质在短期内不能溶于水。沼液稀释倍数较高或施用量较低时，土壤中 DOM 浓度相对较高，当稀释倍数由 1 倍（XS1）变到稀释 10 倍（XS10）时，DOM 浓度增长率为 90.70%，当沼液施用量由 BS1 增加到 BS10 时，DOM 浓度下降率为 39.89%。为避免沼液浓度太高造成养分及重金属累积，沼液稀释处理是一种有效途径。

表 4-4 蔬菜土壤中 pH、电导率及 DOM 的变化

根茎类	pH	电导率（μS/cm）	DOM（mg/kg）	叶菜类	pH	电导率（μS/cm）	DOM（mg/kg）
CK	7.23	12.19	63.51	CK	7.31	12.94	65.09
XS1	6.68	58.33	45.18	XS1	6.48	59.43	50.71
XS2	6.86	26.71	72.14	XS2	6.72	26.88	52.25
XS5	7.12	41.20	79.33	XS5	7.10	12.33	53.42
XS10	7.20	18.91	82.65	XS10	7.26	11.76	66.80
XS20	7.60	50.85	86.18	XS20	7.44	10.40	69.22
BS1	7.55	11.16	94.88	BS1	7.54	14.79	73.15
BS2	7.47	13.63	65.19	BS2	7.48	32.88	72.08
BS5	7.27	19.83	59.42	BS5	7.27	25.67	63.37
BS10	7.29	25.83	57.04	BS10	7.16	23.38	54.85

（2）土壤有机质、速效氮、速效磷的变化

第 1 季和第 3 季盆栽蔬菜种植后，稀释处理对土壤中速效养分的影响如图 4-1 所示。蔬菜土壤中有机质、速效氮、速效磷含量随稀释倍数增加而降低，这是由于沼液稀释倍数的增加，沼液养分浓度较低，累积在土壤中的含量偏低。在不同稀释处理中，第 1 季土壤中各养分含量变化均不显著；而在连续施用 3 季沼液后，速效氮含量低于第 1 季，有机质和速效磷含量高于第 1 季。当稀释倍数大于 5 倍时，叶菜类和根茎类盆栽蔬菜土壤中各速效养分浓度降低不明显，在施肥过程中，沼液稀释倍数宜稀释 1~5 倍，稀释倍数过大易导致土壤中的养分被植物吸收后，较少部分累积在土壤中，或者沼液养分不足以供给作物生长养分需求。

从肥土（FT）和瘦土（ST）来看，第 3 季沼液施用前对 ST 进行了翻耕、淹灌处理，结果发现，第 3 季 FT 叶菜类土壤各养分含量高于根茎类土壤，而 ST 根茎类土壤各养分高于叶菜类，其中 ST 根茎类土壤中有机质、速效磷明显高于 FT 根茎类土壤。随着沼液的连续施用，土壤中速效氮含量呈降低趋势，ST 中第 1 季叶菜类蔬菜土壤速效氮累积较多，而后随沼液稀释倍数的增加，土壤速效氮含量下降，施用沼液对贫瘠土壤中速效氮含量的改良不明显。施用第 3 季沼液与第 1 季沼液后的土壤养分相比，连续施用 3 季沼液后土壤中的速效氮累积较少，后期的沼液施用过程中应该注意配施氮肥。

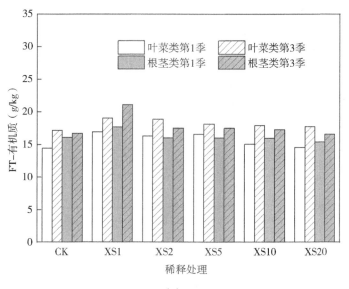

（a）

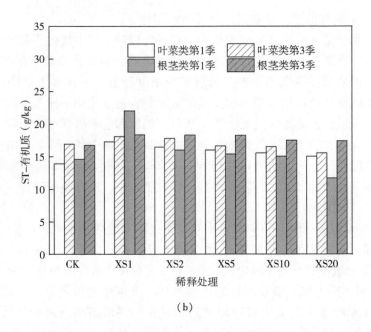

（b）

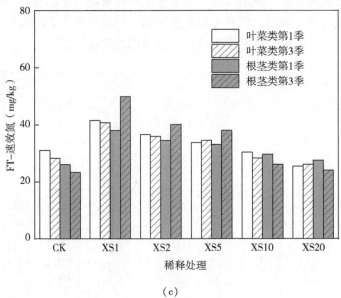

（c）

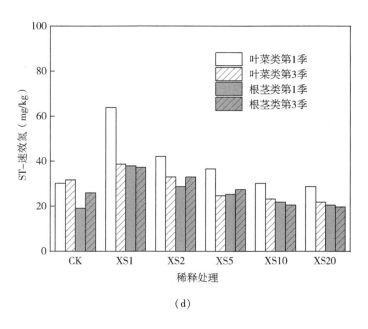

（d）

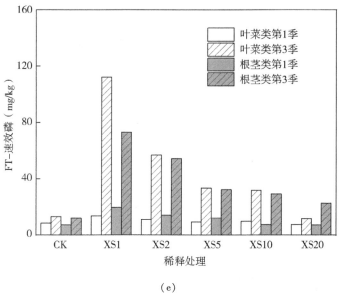

（e）

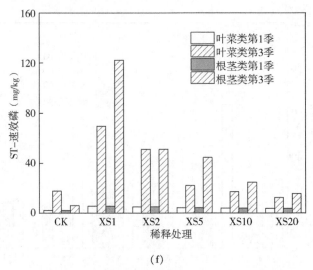

（f）

图4-1　不同稀释处理对蔬菜表层土养分的影响

当单次施用量大于1 000 mL/盆时，FT中根茎类蔬菜土壤速效养分含量高于叶菜类，沼液施用量过大时土壤速效氮、速效磷在根茎类蔬菜地积累。连续施用3季沼液（单次施用量为100~500 mL）后，叶菜类蔬菜土壤有机质和速效氮含量高于根茎类（图4-2）。第3季根茎类土壤速效磷累积量多于叶菜类，前人研究结果与上述研究结果一致。不同类型耕作土壤，初次使用沼液时宜种植叶菜类蔬菜，连年长期施用沼液后宜种植根茎类蔬菜，这两种方式能持续维持土壤中速效养分浓度在较高水平。

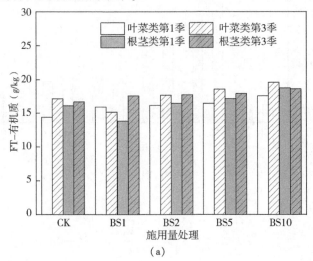

（a）

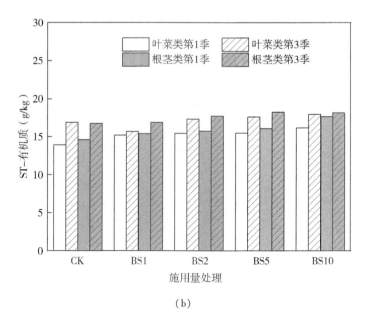

（b）

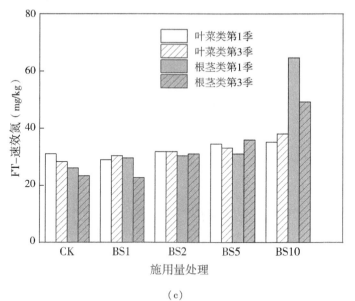

（c）

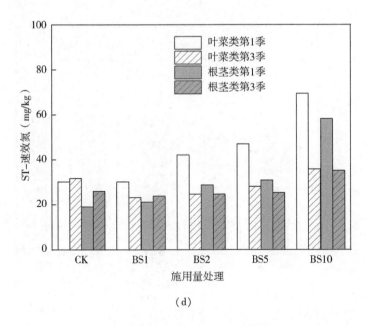

（d）

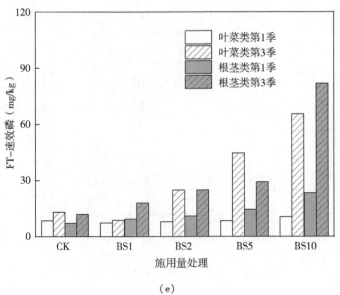

（e）

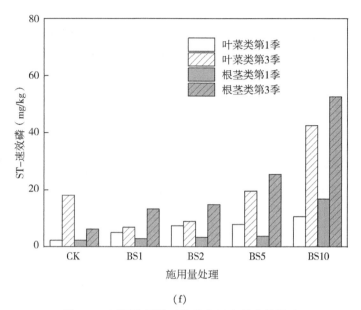

（f）

图 4-2　不同施用量对蔬菜表层土养分的影响

（3）短期施用沼液对蔬菜生物量的影响

第 3 季蔬菜生长拔节期进行蔬菜生物量测定，包括根茎类和叶菜类的单株鲜重、单株最长叶长、单株根重等，其结果见表 4-5、表 4-6。对于叶菜类蔬菜，FT、ST 两种处理下，单株鲜重、单株最长叶长均随着沼液稀释倍数的增加而降低，随着沼液施用量的增加而增加；在空白处理（CK）、复合肥处理（CF）下，叶菜类蔬菜的单株鲜重和单株最长叶长与沼液处理无明显差异（表 4-5）。第 3 季 ST 处理中的单株鲜重和单株最长叶长均比 FT 同一处理高。单株鲜重和单株最长叶长均高于 FT 中同一处理的蔬菜生物量，叶菜类蔬菜的单株鲜重和最长叶长增长率范围为 78.81%～498.33%、5.77%～43.51%。

根茎类蔬菜单株鲜重、单株最长叶长、单株根重均随着沼液稀释倍数的增加而降低，随着沼液施用量的增加而增加；在空白处理（CK）下，3 种生物量显著低于复合肥处理（CF）和沼液处理；在复合肥处理（CF）下，根茎类蔬菜的单株根重和单株最长叶长与沼液处理无明显差异（表 4-6）。第 3 季 ST 处理中的 3 种生物量均比 FT 同一处理高。根茎类蔬菜的单株鲜重、单株最长叶长及单株根重增长率范围分别为 2.60%～167.70%、1.52%～34.09%、0.96%～413.33%。

综上，沼液施用能显著提高蔬菜作物的生物量，育种前翻耕、沼液淹灌比施用复合肥更能促进蔬菜植株生长，沼液可替代或者与复合肥配施使用，合理使用后能有效促进蔬菜生长，播种前土壤翻耕、浇灌沼液是提高叶菜类、根茎类蔬菜产量及品质的一种可行方式。

表4-5　叶菜类蔬菜生物量的变化

叶菜类 不同处理	FT		ST	
	单株鲜重	单株最长叶长	单株鲜重	单株最长叶长
CK	53.60±0.4	27.50±2.0	31.27±14.5	22.67±1.4
CF	65.10±16.1	28.50±2.5	41.60±9.8	22.83±3.4
XS1	37.80±2.2	26.50±2.5	131.50±30.7	33.50±0.0
XS2	34.20±14.6	25.00±2.5	130.70±51.9	30.25±0.3
XS5	23.60±1.6	22.17±0.8	126.00±34.9	30.50±3.0
XS10	18.80±5.7	20.83±1.0	68.90±16.1	27.25±1.3
XS20	15.67±4.4	20.33±1.2	44.33±3.7	24.75±0.8
BS1	6.00±3.4	15.33±2.0	35.90±11.5	22.00±1.0
BS2	15.47±5.2	18.83±1.3	53.80±12.7	25.83±4.5
BS5	35.53±19.9	23.33±1.8	63.53±14.2	26.67±1.2
BS10	41.40±13.6	26.00±3.1	87.80±43.0	27.50±1.5

注：重量的单位为g，叶长的单位为cm。

表4-6　根茎类蔬菜生物量的变化

根茎类 不同处理	FT			ST		
	单株 鲜重	单株 最长叶长	单株 根重	单株 鲜重	单株 最长叶长	单株 根重
CK	8.60±1.6	20.50±2.0	2.30±1.6	51.90±0.9	27.75±1.3	31.00±5.2
CF	68.20±18.3	33.33±1.2	21.80±17.6	98.20±18.2	36.00±0.5	42.40±12.6
XS1	109.60±19.8	34.67±1.2	62.40±15.4	124.93±37.4	37.00±8.5	63.00±23.2
XS2	98.53±19.5	33.00±13.0	44.33±14.9	69.80±13.2	33.50±3.5	51.60±9.8
XS5	76.80±6.0	36.25±0.3	35.60±4.2	78.80±15.0	32.83±3.6	47.00±13.9
XS10	26.10±2.3	26.75±0.3	12.60±1.8	55.33±10.6	30.00±2.7	35.20±0.0
XS20	22.33±2.9	22.00±6.6	7.60±4.1	47.80±17.6	29.50±0.0	33.80±8.6
BS1	22.60±6.4	23.50±0.5	10.80±4.8	60.50±5.5	27.25±1.8	38.40±1.8
BS2	29.80±6.0	26.50±2.5	12.00±5.0	68.00±29.8	32.00±2.7	61.60±13.8

（续表）

根茎类不同处理	FT			ST		
	单株鲜重	单株最长叶长	单株根重	单株鲜重	单株最长叶长	单株根重
BS5	80.33±18.6	31.17±2.0	48.07±13.6	86.33±15.2	33.00±3.0	68.60±23.6
BS10	109.30±12.3	34.00±0.0	66.00±9.8	106.60±27.3	37.00±4.0	86.20±34.6

注：重量的单位为 g，叶长的单位为 cm。

4.2 长期施用沼液对土壤理化性质的影响

4.2.1 材料与方法

2018 年 3 月底，选取 4 个规模化养猪场周边利用沼液的样地，分别是规模化蔬菜地、小麦地、藕田及附近菜地，以同等种植类型土地为对照，采集表层（0~20 cm）土壤样品分析土壤团聚体，测定土壤理化性质及重金属的土样采集选用直径为 8 cm 的土壤采样器（荷兰 Eijkelkamp），每隔 10 cm 采集不同深度（0、10 cm、20 cm、30 cm、40 cm、50 cm 和 60 cm）土样，选取 2~3 个点的土样混合作为该样地的样品，带回实验室剔除树根及大颗粒石粒，室内风干过 2 mm 筛后用于试验分析。

土壤理化指标分析和重金属分析方法同 4.1.1。规模化养猪场土壤团聚体土样的风干方法为：将所采集的土样，剔出草根、石头等杂质，平铺在洁净干燥的纸上，在自然条件下室内风干，禁止暴晒，依据土壤颗粒组成（美国制）的标准，分离出石砾（>2 mm）、粗砂砾（0.5~2 mm）、中砂砾（0.25~0.5 mm）、细砂粒（<0.25 mm）。土壤机械团聚体的测定是采用干筛的方法，称取 100 g 未经任何破碎的风干土于套筛中，如图 4-10 所示，2 mm、0.5 mm、0.25 mm 的筛子从上到下放置，在振筛机振荡 15 min 后，分离出粒径为 >2 mm、0.5~2 mm、0.25~0.5 mm、<0.25 mm 的土壤机械稳定性团聚体，称重、计算各粒径团聚体所占百分比。规模化养猪场样地及盆栽蔬菜土壤水稳性团聚体测定均采用湿筛法，主要步骤：称取各粒径干筛土样配制出 50 g 风干土样，放入水稳性团聚体分析仪中，浸泡 5 min 后振荡 30 min，分离出粒径为 >2 mm、0.5~2 mm、0.25~0.5 mm、<0.25 mm 的土壤水稳性团聚体，在

50℃烘干称重后计算出各级团聚体所占百分比。

4.2.2　结果与分析

（1）土壤团聚体

土壤团聚体的团粒结构是土壤肥力的重要体现，具有协调土壤水肥气热的功能。本研究选择 4 个较为典型规模化养猪场，沼液施用后的样地进行团聚体采样分析，与附近无沼液施用但同等利用方式的对照土样对比发现，长期施用沼液能有效提高土壤中>2 mm 的机械性团聚体含量以及>0.25 mm 大团聚体含量。样地中>2 mm 的机械稳定性团聚体含量均最高，其值为 73.99%~88.03%（表4-7），与相应对照值相比，4 种土地利用方式 >2 mm 的土壤团聚体分别提高 111.67%、10.55%、23.77%、26.49%，>0.25 mm 的团聚体含量分别提高了 52.44%、0.11%、0.97%、1.74%。规模化蔬菜样地中的>2 mm 团聚体增加比例显著，这是因为 1 号样地是大规模的蔬菜种植，种植前对土地进行了淹灌处理，使土壤中微生物在各种酶的作用下活跃充分，改变了土壤团粒结构，据了解，该种土地利用方式的时间长达 10 年之久，直接利用沼液提供蔬菜作物所需的氮磷营养成分以及微量元素。

表4-7　部分养猪场土壤机械性团聚体百分含量

采样点	时间（年）	土壤类型	>2 mm	0.5~2 mm	0.25~0.5 mm	<0.25 mm
1号（规模化蔬菜地）	10	样地	80.37±3.60	14.17±1.72	3.20±1.82	2.25±0.07
		对照	37.97±5.01	15.92±2.39	10.24±3.95	35.88±4.29
2号（藕田）	8	样地	84.65±0.90	9.80±0.03	2.18±1.19	3.37±0.33
		对照	76.57±0.21	17.53±0.96	2.42±0.32	3.48±0.85
3号（小麦地）	5	样地	73.99±3.75	19.40±1.35	3.83±2.44	2.78±0.03
		对照	59.78±4.48	30.17±6.40	6.33±2.84	3.72±0.93
4号（就近蔬菜地）	4	样地	88.03±0.65	8.62±0.44	2.02±1.9	1.34±0.7
		对照	69.59±1.32	22.05±0.9	5.33±0.5	3.03±1.4

注：样地选择经沼液农用后的土地，对照以无沼液施用但同等种植类型土地，单位为%。

作为耕地土壤，保水蓄肥能力、碳存储能力及抗侵蚀能力的强弱大小直接影响着农作物产量，水稳性团聚体是表征土壤这几种性能的重要指标。养猪场土壤水稳性团聚体百分含量见表4-8，沼液施用与普通化肥施用后对土壤团粒结构产生一定差异性，4 个养猪场沼液施用后样地土壤中>2 mm 水稳性团聚体含量为 45.08%~65.31%，相同种植类型下对照土壤中>2 mm 水稳性团聚体含量为 32.30%~55.22%。1 号样地和 4 号样地均为蔬菜种植，区别在于沼液施用时间和蔬菜种植规模不同，两种蔬菜地沼液利用均提高了土壤中>2 mm 的水稳性团聚体以及>0.25 mm 的水稳性团聚体含量，其中 1 号蔬菜样地的>2 mm水稳性团聚体和>0.25 mm 的水稳性团聚体含量分别增加了 78.25%、19.53%。2 号样地经过好氧塘等深度处理的沼液水田灌溉，3 号样地是小麦地，与对照相比，各团聚体含量变化不大。

表 4-8　部分养猪场土壤水稳性团聚体百分含量

采样点	时间(年)	土壤类型	>2 mm	0.5~2 mm	0.25~0.5 mm	<0.25 mm
1 号(规模化蔬菜地)	10	样地	65.31±7.46	14.98±3.41	9.85±3.16	9.85±0.89
		对照	36.64±1.27	21.04±2.86	17.75±2.19	24.58±5.42
2 号(藕田)	8	样地	47.46±4.68	22.31±1.99	15.92±1.42	14.31±1.28
		对照	55.22±6.87	20.34±2.23	13.65±3.39	10.78±1.24
3 号(小麦地)	5	样地	45.08±3.23	28.05±2.91	16.53±5.83	10.34±1.61
		对照	45.67±2.79	27.71±1.95	14.90±3.92	11.72±3.99
4 号(就近蔬菜地)	4	样地	46.41±0.65	23.51±0.44	17.24±1.9	12.83±0.72
		对照	32.30±1.32	27.47±0.88	20.22±0.48	20.01±1.46

注：样地选择经沼液农用后的土地，对照以无沼液施用但同等种植类型土地，单位为%。

（2）团聚体有机质的变化

养猪场土壤团聚体有机质分布特征见表 4-9。土壤团聚体是存储有机质的重要单元，4 个规模化养猪场样地的土壤机械性团聚体有机质数据显示，粒径为<0.25 mm 的微团聚体有机质含量比粒径为>0.25 mm 团聚体有机质含量高。不同沼液利用类型的样地与对照比较，沼液连年施用后样地中>2 mm、0.5~2 mm、0.25~0.5 mm、<0.25 mm 的团聚体有机质增长率最高分别为 198.6%、522.58%、353.78%、311.90%，对比发现相对贫瘠样地团聚体有机质增长最快。

表 4-9　部分养猪场土壤团聚体有机质分布特征

采样点	时间(年)	土壤类型	>2 mm	0.5~2 mm	0.25~0.5 mm	<0.25 mm
1 号(规模化蔬菜地)	10	样地	30.03±2.20	31.56±1.74	31.43±0.85	31.73±1.04
		对照	12.57±0.31	15.77±3.52	15.47±0.85	31.89±0.81

（续表）

采样点	时间（年）	土壤类型	>2 mm	0.5~2 mm	0.25~0.5 mm	<0.25 mm
2号（藕田）	8	样地	51.87±2.86	71.76±4.64	84.39±7.73	90.95±6.18
		对照	37.88±0.77	39.82±0.35	42.88±1.58	40.61±0.85
3号（小麦地）	5	样地	20.41±0.12	21.04±1.47	21.42±0.54	21.86±1.08
		对照	13.55±1.08	15.52±0.00	16.72±1.31	17.16±0.00
4号（就近蔬菜地）	4	样地	11.42±0.31	21.10±0.47	29.51±0.19	28.37±0.04
		对照	3.83±0.31	3.39±0.24	6.50±0.17	6.89±0.09

注：表中数值单位为 g/kg。

从不同施用方式下各粒径的团聚体有机质变化来看，藕田（2号）和就近蔬菜地（4号）中<0.25 mm 的团聚体有机质含量高于>2 mm 的团聚体有机质；肥力较好的规模化蔬菜地（1号）和小麦地（3号）土壤团聚体有机质除了<0.25 mm 外，其他粒径的团聚体有机质含量接近，而在连续多年施用沼液后的样地中各粒径的团聚体有机质含量接近，有机质存储单元由微团聚体（<0.25 mm）向各粒径团聚体中转移，持续提高土壤肥力。从不同沼液施用方式来看，藕田（2号）团聚体有机质含量最高，其原因是由于长期被沼液浸泡后土壤肥力也显著增强；而旱地沼液施用方式中，经过淹灌后再种植的蔬菜地（1号）比普通蔬菜地（4号）的土壤有机质含量高，农田种植蔬菜具有需肥量大、季节性短、种类多等特点，容许消纳的沼液比普通的农作物更多。

（3）土壤理化性质的变化

规模化养猪场沼液农田消纳后，土壤理化性质均有一定的变化（表4-10）。长期施用沼液后土壤表层 pH 降低，4 个养猪场样地土壤 pH 分别降低了4.56%、4.70%、10.00%、9.73%，这是由于在沼液肥这种缓释体系中，微生物活动频繁及土壤酶活性增强，均能增加土壤中腐殖酸等有机酸，进一步也说明了沼液农田施用后可有效改善土壤酸碱性，可将沼液用于碱性土壤改良。电导率是土壤盐分的重要表征，4 个养猪场表层土电导率增加较为显著，增长率分别为78.96%、73.96%、570.19%、136.10%。这是由于沼液中含有不同浓度的金属离子，沼液中 Ca、Mg、Fe、Al 的离子浓度较高，虽能补充土壤中的钙镁元素，加上存在 Zn、Cu 等重金属浓度较高情况，沼液利用后造成盐分在土壤表层土中显著累积，沼液长年农田消纳中要注意土壤的次生盐渍化。

4 个养猪场沼液利用后土壤中有机质、速效氮、速效磷含量均有所增加，有机质含量分别增加了 167.92%、9.35%、91.25%、138.73%，速效氮含量分别增加了 49.74%、93.86%、82.47%、104.48%，速效磷含量分别增加了 80.36%、43.73%、9.60%、7.41%（表 4-10）。1 号养猪场样地有机质和速效磷增长率最高，速效氮较低，但其增长率仍达到 49.74%，这是由于 1 号养猪场利用沼液方式显著不同，每季种植前进行了翻耕、淹灌处理，且沼液施用时间长达 10 年之久，土壤肥效持久，作物生长繁茂，可将沼液用于调整土壤 pH、补充土壤氮磷的含量以达到改良贫瘠土壤的目的。

表 4-10 部分养猪场农田基本物理性质

理化指标	规模化蔬菜地		藕田		小麦地		就近蔬菜地	
	对照	样地	对照	样地	对照	样地	对照	样地
pH	7.23	6.90	6.80	6.48	6.82	6.12	6.99	6.31
电导率（uS/cm）	33.31	59.61	26.11	45.42	30.76	206.15	14.71	34.73
含水率（%）	13.65	18.56	23.05	26.44	14.20	15.95	17.60	19.63
有机质（g/kg）	13.34	35.74	32.19	35.20	8.69	16.62	2.84	6.78
速效氮（mg/kg）	53.48	80.08	38.78	75.18	13.58	24.78	9.38	19.18
速效磷（mg/kg）	28.21	50.88	12.21	17.55	5.28	10.35	7.15	7.68

4.3 沼液施用次数和施用量对下渗液养分含量的影响

4.3.1 材料与方法

选取绵阳市新桥镇常见紫色土为试验对象，晾晒风干后，除去土壤颗粒以外的石块残渣，过 5 mm 筛子后用于土柱淋溶试验填充，供试沼液取自某规模化养牛场，沼液全氮 1 134 mg/L，全磷 98 mg/L，沼液经纱布滤网过滤去除大颗粒悬浮物后备用。

土柱淋溶试验中土柱采用内径 8 cm、高 40 cm 的透明有机玻璃管，底部有一外径 8 cm、高 5 cm 的有机玻璃管和一直径 8 cm 的有机玻璃圆片支撑土柱，同时方便淋溶液的下渗。在有机玻璃圆片上加直径 8 cm 的 100 目滤布，滤布上加入 2 cm 酸洗后的石英砂，再装入土壤，土壤上部装入 1 cm 石英砂，以免淋溶时土壤层被扰动，使用时土柱上方加浇灌液，下方用 2 L 大烧杯收集淋溶下渗液。

将风干处理磨碎后的供试土壤依次装入土柱内，每个土柱约填充土壤 1 360 g，高度约 20 cm，土柱填充后土壤容重约为 1.35 g/cm³，土柱装填完成后，以部分去离子水多次湿润土壤，稳定土柱内土壤，减少不同土柱间的差异。装填完成后的土柱如图 4-3 所示。

 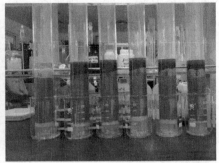

（a）装填完成后土柱　　　　　　　　　　　　（b）淋洗中土柱

图 4-3　土柱淋溶试验

年降水量取 1 260 mm，以 30%通过地表径流计算，确定模拟试验降水量为 882 mm，根据土柱尺寸和上表面积计算每次实际浇灌总量为 370 mL。试验用沼液全氮含量为 1 134 mg/L，每次沼液施用量梯度按大麦标准需氮量的 40%、60%、80%、100%、120%设置，分别为 36 mL、54 mL、72 mL、90 mL、108 mL，即施入 81.6 kg/hm²、122.4 kg/hm²、163.2 kg/hm²、204 kg/hm²、224.8 kg/hm² 的氮肥，其余不足实际浇灌总量部分用清水补足。具体每组淋溶浇灌量见表 4-11。

表 4-11　土柱淋溶浇灌量

沼液处理	沼液用量（mL）	清水用量（mL）	淋溶总量（mL）
0%	0	370	370
40%	36	334	370
60%	54	316	370
80%	72	298	370
100%	90	280	370
120%	108	262	370

土柱装填完成后，用去离子水多次润湿土壤后静置，润湿静置 3 d 后，可正式开始试验。具体淋溶操作步骤如下：每次淋洗时，先加入沼液后，再加入清水，370 mL 的实际浇灌总量在 1 h 内全部浇完，同时将土柱置于 2 L 大烧杯内接收下渗液，观察下渗液渗出速度，直到不再渗出后，停止当次淋溶，淋洗中土柱如图 4-3（b）所示。淋溶结束后，立即对下渗液进行氮磷养分（pH、TN、TP、NH_4^+-N、NO_3^--N）分析测定。测定分析方法同 2.1.1。

4.3.2　沼液施用次数对下渗液养分含量的影响

（1）沼液施用频次对下渗液 pH、总磷的影响

沼液施用量按大麦标准需氮量的 40%、60%、80%、100%、120% 设置，不同沼液施用频次对下渗液 pH 的影响见表 4-12。0% 沼液量处理的土柱下渗液随着沼液施用频次的增加，pH 先增加后降低，最后两次稳定在 8.27，呈弱碱性；所有沼液施用的除 60% 沼液施用量处理外，下渗液 pH 均随着淋溶次数增加而减少，减少幅度从 5.78% 到 7.13%，而 60% 沼液施用量处理的下渗液 pH 先增加后降低，最终 pH 几乎与第一次淋溶结果持平。在低沼液施用量（40%）处理下，淋溶次数增加，pH 变化差异较大，当沼液施用量达到 100% 以上时，淋溶次数增加对 pH 的影响较小。

表 4-12　沼液不同施用频次下渗液 pH 变化

施用频次（次）	0%	40%	60%	80%	100%	120%
1	8.09	8.53	7.98	8.32	8.23	8.12
2	8.28	8.21	7.99	8.17	8.04	8.00
3	8.42	8.11	8.06	7.96	7.81	7.79
4	8.27	8.08	7.99	7.80	7.66	7.65
5	8.27	8.04	7.90	7.79	7.64	7.63

不同沼液施用频次对下渗液总磷含量的影响见表 4-13。随着淋溶次数的增加，0% 沼液量处理的下渗液总磷含量减少，较高沼液施用量（大于 60%）的处理下渗液总磷含量均增加，最高可达 1.147 mg/L，低沼液施用量（小于 60%）的处理下渗液总磷含量先减少后增加，淋溶结束下渗液总磷含量达 0.26 ~ 0.46 mg/L。在沼液用量较低时，磷的淋出速度受沼液用量的影响较大，当沼液用量增加到 80% 时，磷的淋出速度加快且受

施用频次的影响较大，当沼液用量增加到 100% 以上时，磷的淋出速度受沼液用量的影响较小。沼液用量越大的土柱，最终下渗液总磷含量越高，最高含量差异可达 77.61%，说明淋溶次数对高沼液施用量的土柱下渗液总磷含量影响更大，当在田间施用时，需要考虑沼液的施用频次对下渗液中磷含量的影响。

表 4-13　沼液不同施用频次下渗液总磷含量变化

施用频次（次）	0%	40%	60%	80%	100%	120%
1	0.028	0.043	0.068	0.074	0.085	0.177
2	0.021	0.032	0.032	0.221	0.301	0.326
3	0.008	0.043	0.030	0.259	0.609	0.631
4	0.003	0.221	0.241	0.475	0.809	0.791
5	0.003	0.257	0.459	0.629	1.029	1.147

注：表中数值单位为 mg/L。

（2）沼液施用频次对下渗液总氮、氨氮、硝态氮的影响

不同沼液施用频次对下渗液总氮含量的影响见表 4-14。随着淋溶次数的增加，0% 沼液量处理的下渗液总氮含量呈减少趋势，120% 以下沼液量各处理下渗液总氮含量均呈现先减少后增加趋势，40% 沼液量处理在第五次淋溶后下渗液总氮含量比第一次少，第五次淋溶后 60% 到 100% 沼液量各处理下渗液总氮含量与第一次相比分别增加 4.74%、7.35%、7.34%。而 120% 沼液量处理下渗液总氮含量呈现逐渐增加趋势，增加幅度可达 64.02%，说明施用频次的增加对较高沼液施用量的土柱下渗液总氮含量影响更大。

表 4-14　沼液不同施用频次下渗液总氮含量变化

施用频次（次）	0%	40%	60%	80%	100%	120%
1	7.01	8.87	14.04	15.87	16.87	18.71
2	3.33	2.90	11.21	12.75	14.10	21.17
3	1.05	1.90	7.72	14.55	16.85	28.17
4	0.87	3.31	12.28	16.41	17.58	29.56
5	0.71	5.27	14.70	17.04	18.11	30.68

注：表中数值单位为 mg/L。

不同沼液施用频次对下渗液氨氮含量的影响见表 4-15。0% 沼液量处理的下渗液氨氮含量随淋溶次数增加逐渐减少，表明清水未输入养分，淋

溶多次养分流失量增加，流失速度减小；40%~120%沼液量各处理的下渗液氨氮含量随淋溶次数增加呈增加趋势，最高可达 3.49 mg/L。说明低沼液施用量输入的氨氮含量较少，未达到土柱吸附的饱和，增加淋溶次数流失速度未增加；随着沼液施用量的增加，单次淋溶流失的氨氮含量增加，增加淋溶次数，氨氮流失速度增大，且在超出 100%沼液量的土柱氨氮流失量达到最大。

表 4-15　沼液不同施用频次下渗液氨氮含量变化

施用频次（次）	0%	40%	60%	80%	100%	120%
1	0.35	0.56	0.86	1.33	1.73	1.93
2	0.32	0.67	1.20	1.69	1.90	2.18
3	0.30	0.59	1.41	1.74	2.11	2.46
4	0.27	0.70	1.74	1.92	2.07	2.73
5	0.26	0.78	1.79	2.19	2.53	3.49

注：表中数值单位为 mg/L。

不同沼液施用频次对下渗液硝态氮含量的影响见表 4-16。在 0%沼液量处理下，硝态氮含量变化规律与氨氮变化规律相同，多次淋溶后下渗液硝态氮含量比初次淋溶降低 37.09%；40%沼液量处理的下渗液硝态氮含量随淋溶次数增加先降低后趋于稳定；60%~120%沼液量各处理的下渗液硝态氮含量与氨氮含量变化趋势一致，下渗液硝态氮含量最高为 10.00 mg/L，沼液施用量大于 60%时，随着淋溶次数增加，土柱下渗液硝态氮含量增加趋势加快，淋溶速度增加。

表 4-16　沼液不同施用频次下渗液硝态氮含量变化

施用频次（次）	0%	40%	60%	80%	100%	120%
1	0.50	2.04	2.95	3.83	6.20	7.46
2	0.44	1.39	3.16	4.53	6.99	8.34
3	0.43	0.76	3.00	5.59	7.42	9.11
4	0.36	1.45	3.39	6.46	8.18	9.60
5	0.32	1.50	3.65	7.06	8.74	10.00

注：表中数值单位为 mg/L。

4.3.3 沼液施用量对下渗液养分含量的影响

（1）沼液施用量对下渗液 pH、总磷的影响

不同沼液施用量对土柱淋溶下渗液 pH 的影响见图 4-4。在第一次淋溶时，0%~120%沼液施用量处理 pH 变化范围为 7.98~8.53，在 40%沼液量施用时有最大值，沼液施用量越大，下渗液 pH 值越小，均为弱碱性；到第二次淋溶，pH 变化范围减小为 7.99~8.28，不同沼液施用量之间 pH 的差异变小，在 0%沼液量施用时有最大值 8.28；在第三次淋溶时，不同沼液施用量之间 pH 的差异变大，施用量越大，pH 越小；再增加淋溶次数，不同沼液施用量之间 pH 的差异变得稳定，且总是在 0%沼液量施用时有最大值。

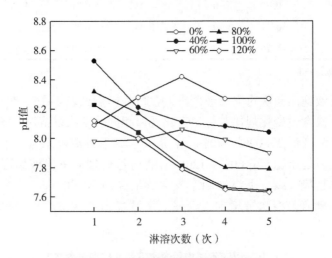

图 4-4 不同处理淋溶下渗液 pH 变化

不同沼液施用量对土柱淋溶下渗液总磷含量的影响见图 4-5。不同沼液施用量的下渗液总磷含量在第一次淋溶时的范围为 0.03~0.18 mg/L，相比 0%沼液量没有急速上升，0%沼液量施用时有最小值；在沼液施用前期，大部分磷会被土柱吸收吸附，下渗液的磷含量整体变化不大。在第二次淋溶时，高沼液施用量（大于80%）下渗液总磷含量增加趋势比低沼液施用量（小于80%）更为明显，但总磷含量值不大，在 0.02~0.33 mg/L。到第四次淋溶时，不同沼液施用量的下渗液总磷含量增加幅度接近；到沼液施用后期，土柱土壤对磷的吸附达到饱和，下渗速度加快，且沼液施用量越大，越早达到吸附饱和，磷的淋出速度越快。

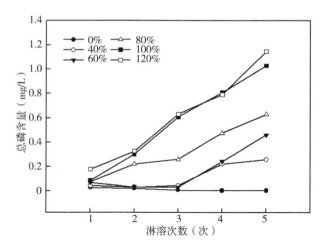

图4-5　不同处理淋溶下渗液总磷含量变化

（2）沼液施用量对下渗液总氮、氨氮、硝态氮的影响

不同沼液施用量对土柱淋溶下渗液总氮含量的影响见图4-6。在相同淋溶条件下，土柱下渗液总氮含量与单次沼液施用量密切相关，随着沼液施用量的增加，单次淋溶的下渗液总氮含量也增加，120%施用量处理的下渗液总氮含量最高，范围为 18.71～30.68 mg/L。淋溶结束时，高沼液施用量（大于100%）比较低沼液施用量（小于80%）的土柱下渗液总氮含量增加幅度大，这说明在沼液施用量较低的土柱内，氮的淋出速度较慢，当增加沼液施用量

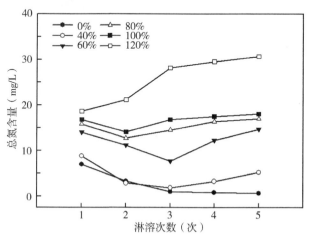

图4-6　不同处理淋溶下渗液总氮含量变化

时，输入的氮总量增加，土壤内氮的淋出速度也加快。

不同沼液施用量对土柱淋溶下渗液氨氮、硝态氮含量的影响见图4-7、图4-8。与淋溶下渗液的总氮含量变化规律不同的是，下渗液的氨氮、硝态氮含量增加趋势更为明显。在相同淋溶条件下，随着沼液施用量的增加，氨氮、硝态氮含量也增加，第一次淋溶时，不同沼液施用量的土柱下渗液氨氮含量差异就可达71.15%，硝态氮含量差异也达72.62%。相同沼液施用量的土柱下渗液氨氮、硝态氮含量差异随着淋溶次数的增加变化不大。随着淋溶次数增加，沼液施用量大于60%的土柱下渗液氨氮含量增加趋势加快，淋溶速度增加。

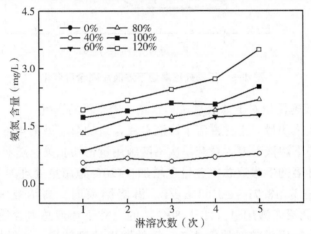

图4-7 不同处理淋溶下渗液氨氮含量变化

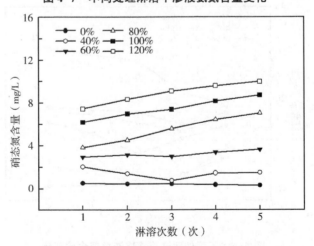

图4-8 不同处理淋溶下渗液硝态氮含量变化

5 四川雪宝乳业集团有限公司综合养分管理方案设计

5.1 项目区概况

5.1.1 公司简介

四川雪宝乳业集团有限公司位于中国唯一的科技城——四川省绵阳市，是一家集奶牛生态养殖和乳与乳制品生产销售于一体的省市级农业产业化经营重点龙头企业，集团下辖安县鸿丰奶牛养殖有限公司、四川雪宝矿泉水有限公司、四川雪宝乳业有限公司等 7 家子公司，公司占地总面积40 余公顷，拥有总资产近 4 亿元，员工近千人。四川雪宝乳业集团有限公司产品生产能力、研发水平、市场规模和品牌知名度在四川省乳品企业中位居前列。

四川雪宝乳业集团有限公司于 2014 年 12 月投资近亿元在安州区黄土镇江池村建设存栏规模 2 500 头奶牛的鸿丰牧场，占地近 13.3 hm^2，专业从事奶牛养殖、繁育及推广。鸿丰牧场是西南地区首家采用隧道式通风，大跨度集中养殖工艺的企业，建有全国建筑面积最大的单体牛舍，通过引进美国的牛舍降温系统，可使牛舍内温度较外界降低 5~8℃，使西南地区高温高湿对产奶牛热应激的影响降到最低，同时提高奶牛夏季产奶量。四川雪宝乳业集团有限公司与西南科技大学积极合作，以综合养分管理计划为中心，共同研究实施现代农业循环经济体系建设，引进国内先进设备和专业技术人才，进一步深层次开发，形成以"奶牛养殖–粪污综合治理–有机肥农田消纳–青贮饲料供给奶牛养殖"的农业循环产业链。

鸿丰牧场在黄土镇江池村、石鸭村、民主村、八一村和喇叭村流转

67 hm² 土地种植牧草，带动周边 200 hm² 土地配套种植饲草，成立 1 个专业合作社。为减少秸秆焚烧对大气的污染，雪宝公司充分利用鸿丰牧场周边的农田秸秆，通过"公司+合作社+农户"的合作方式，与合作社、农户建立利益联结机制，回收周边农田秸秆，其中玉米秸秆用于青贮饲料，水稻秸秆粉碎后全部还田施肥，不仅带动了农户增收，并且提高了养殖场的饲养效益。为推进秸秆青贮，雪宝公司自建青贮窖 1.5 万 m³。

5.1.2　地理位置

项目区位于绵阳安州区黄土镇，经纬度介于 N31°32′~31°41′，E104°26′~104°34′。黄土镇东连安州区花荄镇，西邻北川县永昌镇，南连乐兴镇、兴仁乡，北望江油黄土乡，距绵阳市 30 km，距安州区花荄镇 14 km，距北川县城永昌镇 7 km。南从绵阳出发经辽宁大道和县道安梓路可到达项目区，北从江油经省道 105 和县道安梓路也可到达项目区，与绵阳安州区、江油市、北川县等城镇均有道路连接，交通便利。

5.1.3　自然概况

（1）地质地貌

项目区地处四川盆地西北边缘龙门山脉中段褶皱带和川西坳陷区，地质构造复杂，地震基本烈度为 7 度。地势西北高、东南低，山、丘、坝兼有，且丘坝相间，属于典型的平坝、丘陵地貌，海拔在 490~680 m，地形比较开阔、平坦，是安州区主要的农业生产区。

（2）气候

项目区属于中亚热带湿润季风气候区，具有冬寒夏热、四季明显、夏秋多雨、冬春干旱的气候特点。据绵阳市气象资料统计分析，多年平均气温 16.3℃，极端最高气温 37℃，最低气温 -7.3℃，多年平均日照数约 1 282 h，多年平均无霜期 272 d，≥12℃ 的有效积温 4 729.3℃，多年平均蒸发量 1 092.1 mm，多年平均降水量 963.2 mm，最大年降水量 1 700.1 mm，最小年降水量 557.5 mm，降水量在年内分配不均，7—9 月约占全年降水量的 60%，适宜的气候条件为农业发展提供了良好条件，但夏秋季多雨为沼液还田提出了挑战。

（3）土壤

安州区黄土镇土壤类型主要有河流冲积土田和老冲积黄泥土田。项目区土壤类型为老冲积黄泥土田，主要土种包括黄泥田、白鳝泥田、面黄泥田或铁杆子黄泥田等。老冲积黄泥土田的土质适中，耕性好，养分含量高，宜种作物多。

（4）植被

安州区植物资源品种达1 700余种。森林面积64 625 hm²，森林覆盖率为43.6%。地面植被以农作物为主。住宅旁植慈竹及桃、李、柑、橙等果树；路、渠、沟、堰、田埂主要栽植桑树、喜树（千丈、水冬瓜）、桤木、桉树、枫杨、刺楸、酸枣等乔木，呈网点状分布。

（5）水文

项目区地处龙门山中段多雨区，水源充足，溪河发育，沟渠堰遍境，塘库星罗棋布，水质良好，多属自流灌溉。流经黄土镇的河流主要有安昌河、草溪河两条河流。安昌河属于涪江支流，为二级功能区，主要为饮用水源区、渔业用水区、工业用水区和农业用水区。草溪河主要为景观用水，不用于农业。安昌河的河道全长76.24 km，总流域面积689.45 km²，平均流量20.09 m³/s。

安州区境内地下水可分为第四系松散堆积砂砾卵石层孔隙潜水和红层区裂隙水及山区岩溶水3种。红层区裂隙水，可分为低山区基岩裂隙水和风化带裂隙水两种。黄土镇地下水属于红层低山区基岩裂隙水，在地势低洼的排泄地带可打出水量介于10~1 000 t/d的承压水井。

5.1.4 社会经济发展概况

（1）人口

黄土镇现辖石鸭、喇叭、北真、明月、芋河、柴育、方碑、长生、人民、江池、民主、八一、友谊、马村、盐井、长征、草溪、菩堤等18个行政村和永福、东城两个社区。全镇现有总人口38 673人，13 788户，其中农业人口33 127人；预计2025年镇域人口达到39 000人，城镇化水平为41.03%，城镇人口达到16 000人。本项目区主要涉及5个村，其中江池村人口为1 123人；石鸭村796人；喇叭村1 366人；民主村533人；八一村809人。

（2）经济发展

根据《绵阳市安县2017年国民经济和社会发展统计公报》，2017年，安州区地区生产总值达到 132.05 亿元，比上年增长 9.2%。其中，第一产业实现增加值 29.65 亿元，同比增长 3.9%；第二产业实现增加值 50.41 亿元，增长10.7%，工业化率达到 29.71%；第三产业实现增加值 51.99 亿元，增长10.8%。三次产业结构进一步优化为 22.5：38.2：39.3。全县人均 GDP 达到33 976.0 元，比上年增长 11.5%。

项目区位于《绵阳市安州区黄土镇总体规划（2017—2035）暨场镇控制性详细规划》的现代农业经济区和生态循环农业及种养基地，项目涉及的 5个村产业发展方向为：江池村主要发展芋子种植、食品加工和商贸；石鸭村主要发展种植和养殖；喇叭村主要发展种植和养殖；民主村主要发展经济作物种植；八一村主要发展种植农业。

（3）种植业

项目所在地为全国商品粮、杂交水稻制种基地县。黄土镇耕地总面积为2 144 hm²。小春粮食播种面积 661 hm²，总产量 2 975 t，公顷产量 4.5 t；大春粮食播种面积 2 313 hm²，总产量 19 143 t，公顷产量 8.28 t。耕地粮食产出率 6.88 t/hm²，全镇农作物以水稻、玉米、油菜为主。年农用化肥施用量（折纯）氮肥 782.9 t、磷肥 580.5 t、钾肥 377.8 t、复合肥 1 886.3 t。黄土镇农业种植业主要以水稻、玉米、油菜为主，全镇主要农作物种植面积及规模如表5-1 所示。

表 5-1　黄土镇主要农作物种类及产量

项目	水稻	玉米	大麦
面积（hm²）	1 667	400~467	1 500~1 534
平均产量（t/hm²）	8.1~8.4	4.5~6.0	2.25~2.7

（4）水田水利设施

安州区是绵阳市的农业大县，也是农业基础设施重点发展区域，全区已建成各类水利工程 11 732 处，其中中型水库 1 座，有效库容 1 278 万 m³；小型水库 24 座，有效库容 1 023 万 m³；引水工程 129 处，引水能力 11 780 万 m³；堰650 处，引水能力 1 050 万 m³；山平塘 8 242 口，蓄水能力 2 662 万 m³；石河堰194 道，有效蓄水 90 万 m³。

黄土镇现有水利设施主要有机井 65 个，堰塘 860 个，蓄水总量170 万 m³；小型水库 3 个，蓄水总量 60 万 m³；小二型水库 1 个，蓄水总量100 万 m³；灌溉沟渠 20 km。农业用水总量 12 万 m³/年，农业灌溉水有效利用系数 0.7。

（5）土地利用

项目所在地黄土镇幅员面积 76 km²，其中耕地面积 2 143.8 hm²，园地面积 151.8 hm²，林地面积 202.1 hm²，草地面积 20 hm²，设施农业用地面积 86.4 hm²。人均耕地面积不到 0.067 hm²。有效灌溉面积 1 080 hm²。土地利用现状见图 5-1。

图 5-1　黄土镇土地利用

5.1.5　水土流失现状

安州区范围内土地都存在不同程度的水力侵蚀（图 5-2），其中中度水力侵蚀占总幅员面积的 25.67%，强度水力侵蚀面积占 7.91%，极强度水力侵蚀面积占 1.72%。本项目区水土流失强度以轻度和中度水力侵蚀为主，农田中氮磷等养分会随水土流失进入河流。因此，应对水土流失予以高度重视，并采取有效措施加以防治。

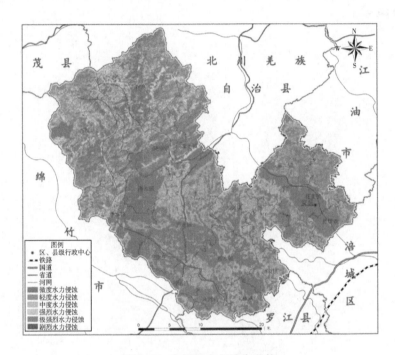

图 5-2　安州区水土流失现状

5.2　综合养分管理计划内容与方法

5.2.1　主要内容

综合养分管理计划（CNMP）目的在于通过畜禽粪便还田利用，将环境保护与养分管理结合起来，基于土壤、水质等监测，协调好养殖场的粪便处置与周边农田农作物生产，防止土壤、水体和空气污染。主要内容包括：畜禽喂饲管理方案；粪便和污水预处理及储存方案；土地利用现状调查与保护措施；农田养分管理方案；备选利用处理方式；跟踪记录。四川雪宝乳业集团有限公司鸿丰牧场（以下简称"鸿丰牧场"）综合养分管理计划主要内容如下。

（1）复核粪便和污水预处理及储存方案

分析雪宝集团鸿丰牧场收集、处理和运输粪污的设施设备的容量是否满足粪污从产生直到施用的全过程；调查鸿丰牧场养殖量、饲养重量、养殖批次、粪污养分含量、粪污产生量等。

（2）开展土地利用现状调查与制定污染保护措施

识别鸿丰牧场养分消纳区潜在的氮、磷流失的具体地点；标识出对养分敏感的区域。为防止养分流失和水土流失，在养分消纳区确定养分拦截带，设置肥料流失缓冲区。

（3）制订农田养分管理方案

开展土壤养分分析、沼液成分分析，规划施肥方式、施肥时间，初步确定施肥量。准确统计鸿丰牧场产出的氮、磷和钾养分量，根据不同作物轮作和施肥设备要求，确定粪便储存时间。开展养分平衡计算，设计相应配套措施，防止土壤和水体等污染，避免重金属超标问题等。

（4）优化畜禽喂饲管理方案

在饲养环节优化饲料配方，减少粪污中的养分排放，使较少的土地就能消纳粪污，从而减小对环境的影响。

（5）备选利用处理方式

通过对粪便进行固液分离、堆肥处理等技术手段进行资源化利用和无害化处理。

（6）做好记录和监测

制订养分管理计划执行文件，将计划的运行和操作进行随时和长期记录，积累形成历史数据。主要记录粪肥的养分和土壤养分测试结果、每次粪肥或商业肥料的施用情况、农作物和其他植物的种植品种及面积和产量、粪肥输送给第三方的量、在执行过程中有关粪肥使用情况变化等。

依据上述6个目标，本计划分为以下8个部分：① 综合养分管理计划（CNMP）编制总则；② 项目区概况；③ 粪便和污水预处理及储存方案；④ 土地利用现状与污染防治措施；⑤ 土壤风险分析与评价；⑥ 农田养分管理方案；⑦ 畜禽喂饲管理方案优化；⑧ 备选利用处理方式；⑨ 记录表格。工作程序见图5-3。

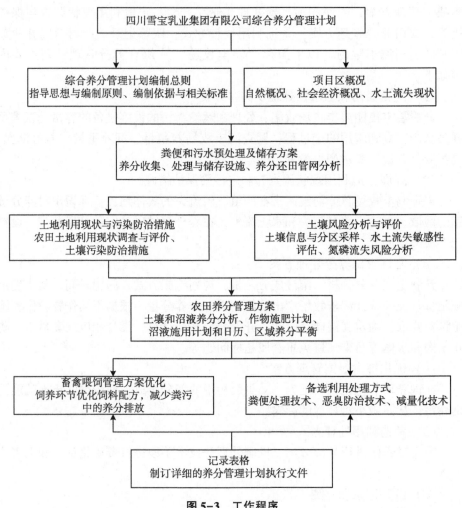

图 5-3　工作程序

5.2.2　工作方法

主要工作方法见表 5-2。

表 5-2　工作方法

编制环节	方法名称
粪便和污水预处理及储存方案	现场调查法、收集资料法
土地利用现状与污染防治措施	无人机航拍、人机交互解译

（续表）

编制环节	方法名称
土壤风险分析与评价	模型评价法、图表法
农田养分管理方案	取样监测法、数学模型法、农田养分试验
备选利用处理方式	案例调查法、专家咨询法、文献调查法

5.3 粪便和污水预处理及储存方案

5.3.1 养殖场建设内容及规模

雪宝集团鸿丰牧场建设内容包括厂区建设工程、秸秆饲料化工程、粪污冲洗系统化工程、粪污处理工程、农田消纳工程及附属工程。

（1）厂区建设工程

鸿丰牧场厂区建设内容主要包括综合牛舍（可存栏 1 500 头奶牛）、后备牛舍（可存栏 750 头奶牛）、犊牛牛舍、办公室、员工宿舍、食堂等。厂区给排水工程 1 项、420 m² 道路（C25 混凝土路面）。具体分布情况见图 5-4，厂区俯瞰图见图 5-5。

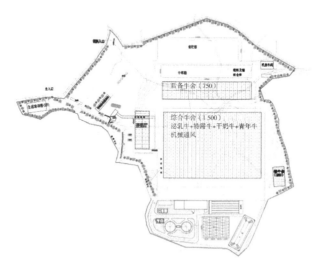

图 5-4 鸿丰牧场厂区建设内容分布

图5-5　鸿丰牧场俯瞰

（2）秸秆饲料化工程

秸秆饲料化工程包括青贮窖（储存秸秆及饲料，钢砼结构，总容积15 000 m³）、干草棚及精料辅料仓库（总容积：2 760 m²），相关配套设备有秸秆揉铡机4台、秸秆粉碎机2台、铲车2台、秸秆取料机2台、秸秆运输机2台。具体情况见表5-3。

表5-3　鸿丰牧场秸秆饲料化工程建设内容及设备

工段名称	设备名称	单位	数量
秸秆饲料化工程	秸秆揉铡机	台	4
	秸秆粉碎机	台	2
秸秆饲料化工程	铲车	台	2
	秸秆取料机	台	2
	秸秆运输机	台	2

（3）粪污处理工艺

鸿丰牧场粪污处理工艺包括预处理、厌氧消化、沼液贮存和利用、沼气贮存净化利用系统4个部分。

① 预处理。良好的预处理是养殖场废水处理的前提保证。奶牛养殖场废水中含有大量粪渣等悬浮物质，且这些悬浮物很容易腐化，如不及时处理而大量带入后续生物处理过程，必将严重影响后续工艺的处理效果，最终导致整个处理系统出水恶化。本工艺强化了处理系统的预处理过程，畜禽粪便

污水先进入集水池，再经过固液分离装置去除大部分悬浮物（SS），分离后的污水直接进入厌氧消化池。分离出来的粪渣运往牛床垫料暂存区进行堆肥。

②厌氧消化。用潜水泵将集水池的出水抽入厌氧消化池。在此阶段，有机污染物质在厌氧微生物的作用下消化降解，并产生沼气。严格的厌氧条件还可以抑制或杀灭寄生虫卵和部分病原菌。厌氧消化工艺是沼气工程的核心，厌氧消化工艺选择是否恰当直接影响沼气工程的处理效果、沼气产量、运行管理和基建投资。沼气发酵受温度的影响较大，本方案拟采用高温发酵沼气池，高温发酵，微生物特别活跃，有机物分解消化快，产气率高。高温发酵 46~60℃。

③沼液贮存与利用。由于施肥具有季节性，加之厌氧处理出水一般不宜立即施用，需储存一段时间。因此，设沼液贮存池储存沼液，沼液用于周围农田灌溉。安装输液管网在用肥季节将沼液贮存池中部分沼液输送到农田进行灌溉，将有机肥的使用结合农田灌溉同时进行，可大量节约灌溉用水，对有限的水资源也是一种很好的保护。

④沼气贮存净化利用系统。厌氧发酵过程能产生沼气，本项目每年产沼气量约为 36.5 万 m^3，产生的沼气经过气水分离器，脱硫塔净化处理后，可用作公司及周围农户的生活用燃料。雪宝集团鸿丰牧场污粪处理工艺流程见图5-6。

（4）粪污处理工程建设内容

鸿丰牧场利用养殖场粪污沼气化处理技术，把粪污处理工程建设分为粪污预处理单元、厌氧消化单元、沼液沼渣处理单元。粪污预处理单元主要有牛粪暂存池（529.2 m^3）、调配池（一座，体积为 150 m^3），基础为钢筋混凝土，池壁为砖混，内部作防水处理，池内设搅拌器，使原料混合均匀，避免沉积，内设爬梯；厌氧消化单元有 CSTR 厌氧反应器（2 500 m^3）一座、柔性独立气柜（700 m^3）一座，结构形式均为钢筋混凝土；沼渣沼液处理单元主要有多级沉淀池（4 480 m^3）、站内沼液池（储存厌氧反应后的沼渣沼液，体积为 300 m^3）、田间沼液池（厌氧反应后的沼渣沼液在站外暂存利用，体积为 2 700 m^3）。具体情况见表5-4。

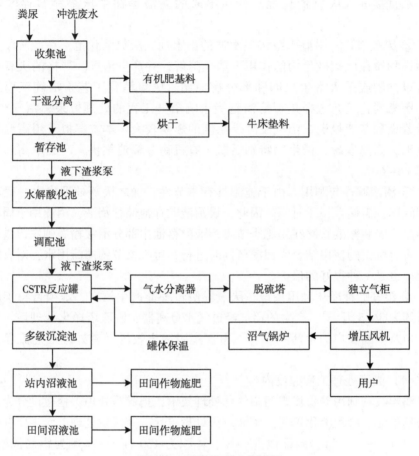

图 5-6 污粪处理工艺流程

表 5-4 鸿丰牧场粪污处理工程建设内容及设备情况

建设内容	设备名称	规格型号	单位	数量
预处理单元	机械格栅	15 mm	台	1
	潜水搅拌机	加拿大	台	2
	输送泵	EP400	台	2
	除砂机		套	1
	液下渣浆泵	150YZ50-40	台	1
	装载车	3 t	辆	2

（续表）

建设内容	设备名称	规格型号	单位	数量
厌氧发酵单元	CSTR 拼装罐	2 500 m³ 含加热及保温系统	座	1
	罐体搅拌器	DJ15 型	台	1
	正负压保护器	GDQ-800	台	1
沼气净化储存单元	双膜储气柜	700 m³	套	1
	安全阀	GDQ-2000	台	1
	防爆轴流风机（含消声器）	LSR-80	台	1
	沼气泄漏探测仪	DK1000	台	1
	正负压保护器	GDQ-800	台	1
	热式气体质量流量计	WQ203-65-21	台	1
	脱水罐	GDQ-2500	台	1
	脱硫罐	KDT-2500	台	2
	增压风机	G200（2BH1400-7AH06）	台	1
	阻火器	GYE-800	台	1
	凝水器	NS-800	台	1
沼渣沼液处理单元	沼液泵	65WQ30-10-2.2	台	6
	固液分离机	处理量 30 m³	套	2
	吊葫芦	2 t	台	1

（5）农田消纳工程

鸿丰牧场周边以农田为主，沼液在保持和提高土壤肥力的效果上远远超过化肥。为了减少化肥的使用量，提高农产品品质和产量，鸿丰牛场与黄土镇江池村、人民村、八一村、喇叭村和石鸭村签订协议，建立生态循环农业示范基地 260 多公顷，并根据沼液产生量和农田需求面积建设沼液输液管道、控制阀门、手浇系统等农田消纳工程。

鸿丰牧场农田消纳工程建设内容具体见表 5-5。共建设管网总长度为42 203 m，其中 DN160 管道共铺设 896 m，DN110 管道共铺设 18 306 m，DN90 管道共铺设 22 593 m，DN63 管道共铺设 408 m。沼液输送管网建设布局见图 5-7。

表 5-5　鸿丰牧场农田消纳工程建设内容

工段名称	设备名称	单位	数量
农田消纳工程	100 级 1.25MPaDN160PE 管道	m	896
	100 级 1.25MPaDN110PE 管道	m	18 306
	100 级 1.25MPaDN90PE 管道	m	22 593
	100 级 1.25MPaDN63PE 管道	m	408
	DN150PN1.6 耐腐蚀阀门	只	10
	DN100PN1.6 耐腐蚀阀门	只	50
	DN80PN1.6 耐腐蚀阀门	只	80
	DN50PN1.6 耐腐蚀阀门	只	1 200
	DN50 外丝接口	套	1 200
	DN50 快速接头	套	1 200
	高压输送设备	套	2

图 5-7　养分管网建设布局

5.3.2　养殖规模和粪污产生量

2018 年企业奶牛养殖存栏 1 000 头，2019 年年底将会实现奶牛养殖存栏 1 500 头规模，2020 年年底将实现奶牛 2 000 头规模，2021 年年底将实现存栏 2 500 头规模。根据《畜禽养殖业污染物排放标准》（GB 18596—

2001），2019 年沼渣沼液总产量为 3.23 万 t，其中，沼液年产量 2.54 万 t，沼渣年产总量为 0.69 万 t；2020 年沼液沼渣总产量为 4.74 万 t，其中，沼液年产总量为 3.73 万 t，沼渣年产总量为 1.01 万 t；2021 年沼液沼渣年产总量为 5.39 万 t，其中，沼液年产总量为 4.24 万 t，沼渣年产总量为 1.15 万 t。产生量具体见表 5-6。

表 5-6　鸿丰牧场粪污产生量情况

年份	存栏数量（头）	排粪总量（万 t/年）	排尿总量（万 t/年）	沼液总量（万 t/年）	沼渣总量（万 t/年）
2019 年底	1 500	1.47	1.64	2.54	0.69
2020 年底	2 000	1.86	2.41	3.73	1.01
2021 年底	2 500	2.45	2.74	4.24	1.15

5.4　土地利用现状与土壤污染风险分析

5.4.1　农田土地利用现状调查与评价

（1）土地利用调查方法

使用的仪器包括：无人机 MH2200 一台套；南方 S86-2013 RTK 两台套；脚架、基座和碳纤竿各一个（图 5-8）。测量范围：东经 104°29′~104°33′，北纬 31°35′~31°40′，测区总面积为 13.45 km²。测区以丘陵地带为主，主要种植水稻等农作物。

（2）技术标准

本项目测量中使用的标准如下。

①《基础地理信息数字产品数据文件名规则》（CH/T 1005—2000）。

②《数字航空摄影测量空中三角测量规范》（GB/T 23236—2009）。

③《低空数字航空摄影测量内业规范》（CH/Z 3003—2010）。

④《无人机数字航空摄影测量与遥感外业技术规范》（GDEILB 007—2014）。

（3）野外像控测量

经过野外实地踏勘，在安州区测区范围内选定 28 个相片控制点，均取明显地物点作为地面控制点（图 5-9）。像控点测量方式采用 RTK 基准站+移动

（a）无人机MH2200　　　　　　　　　（b）南方S86-2013 RTK

图5-8　土地利用调查使用的仪器

站模式，对其进行三维坐标采集。

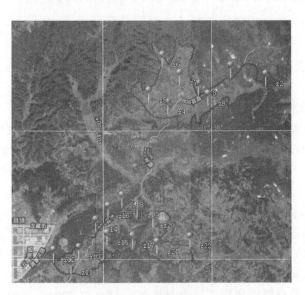

图5-9　点位分布

野外数据采集步骤如下。

① 安置基准站和流动站：架设好仪器并量取天线高，再利用手簿通过蓝牙连接设置基准站和移动站测量模式。

② 设置参数：新建工程，选择坐标系并设置中央子午线以及投影高和其他相关参数。

③ 点校正：通过两个已知控制点坐标计算出转换参数，并进行检核。

④ 像控点测量：用编码法实现野外像空点的坐标采集，同时包含控制点点位信息照片采集和像控点统计等工作。

⑤ 外业检核：确保采集的像控点坐标和实地像控点位置及点号一一对应，并对采集数据进行实地检核，控制点坐标成果见表5-7。

表 5-7　控制测量成果

编号	经度（°）	纬度（°）	高程（m）
z1	104.513	31.614	567.388
z2	104.514	31.614	566.120
z3	104.514	31.614	565.793
z4	104.517	31.640	518.295
z5	104.521	31.644	514.502
z6	104.527	31.645	510.871
z7	104.511	31.632	573.605
z8	104.512	31.631	570.268
z9	104.512	31.629	567.971
z10	104.503	31.616	520.004
z11	104.497	31.612	506.336
z12	104.494	31.606	502.707
z13	104.490	31.602	499.891
z14	104.488	31.598	497.537
z15	104.483	31.602	503.763
z16	104.513	31.611	581.213
z17	104.507	31.605	575.609
z18	104.509	31.608	578.995
z19	104.514	31.604	581.565

（续表）

编号	经度（°）	纬度（°）	高程（m）
z20	104.524	31.605	574.455
z21	104.508	31.613	570.379
z22	104.499	31.606	518.138
z23	104.498	31.611	513.444
z24	104.529	31.643	515.200
z25	104.537	31.649	517.690
z26	104.548	31.647	507.576
z27	104.543	31.652	520.618
z28	104.521	31.648	525.846
z29	104.520	31.656	539.206
z30	104.516	31.652	533.625
z31	104.511	31.643	530.910

（4）无人机航测外业

①飞机组装与起飞检查：先组装两翼和旋翼臂，再组装尾翼和整体，并注意检查螺丝是否拧紧，最后将相机、电池装入飞机；遥控器开机与检查，检查遥控器是否能控制左右机翼与尾翼；相机和 GPS 模块检查，检查相机是否开机和接收机是否工作；旋翼臂转向检查，左上、右下顺，左下、右上逆；空速管检查，确保空速准确。

②航带设计：总测区分为 A、B 两个区，A 区面积 5.8 km²，为土地流转区；B 区面积 7.65 km²，土地未流转。A 区通过一个架次飞行，完成 11 条航带；B 区分为两个架次飞行，完成 16 条航带（图 5-10）。

③地面基准站与无人机 RTK 设置：首先是架设地面基站，基站一定要架设在视野比较开阔、周围环境比较空旷的地方。避免架在高压输变电设备附近、无线电通信设备收发天线旁、树荫以及水边，这些都对 GNSS 信号的接收产生不利的影响。其次是机载 GPS 开机测试，最后为互联测试。

④实际航拍与数据下载：完成飞行后立即进行照片与 POS 数据下载与检查，部分 POS 数据如表 5-8 所示。

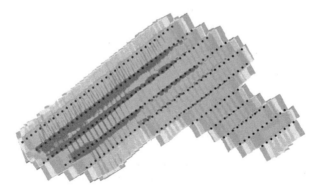

（a）A区（土地流转区）航带设计

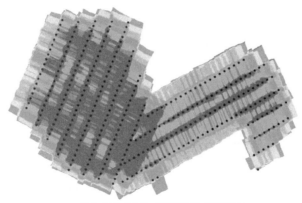

（b）B区（土地未流转区）航带设计

图 5-10　航带设计

表 5-8　部分 POS 数据成果

点号	经度（°）	纬度（°）	航高（m）	俯仰（°）	滚转（°）	机头方向（°）	时间
1	104.498	31.611	534	-3.4	1.2	229	9:40:03
2	104.498	31.611	534	-3.5	1.1	229.1	9:40:09
3	104.498	31.611	534	-3.5	1.2	229.1	9:40:11
4	104.498	31.611	534	-3.5	1.1	229.1	9:40:12
5	104.498	31.611	534	-3.4	1.1	229.1	9:40:14
6	104.482	31.601	1012	6.6	-5.8	66.7	9:53:32
7	104.482	31.602	1012	8.1	-5.8	71.4	9:53:36

（续表）

点号	经度（°）	纬度（°）	航高（m）	俯仰（°）	滚转（°）	机头方向（°）	时间
8	104.483	31.602	1013	7.5	1.7	75.1	9:53:40
9	104.484	31.603	1014	7	1.6	76.5	9:53:44
10	104.485	31.603	1014	6.2	-0.4	74.2	9:53:48
11	104.485	31.604	1014	7.6	-10.2	76.3	9:53:52
12	104.486	31.604	1014	5.9	-2.1	78.6	9:53:56
13	104.487	31.605	1015	6	0.5	74.3	9:54:00
14	104.487	31.605	1015	5.7	-1.9	78.8	9:54:04
15	104.488	31.606	1015	5.6	-4.2	77.5	9:54:08
16	104.489	31.606	1014	6.3	-3.1	78.8	9:54:12
17	104.489	31.606	1015	5.7	-2	78.7	9:54:16
18	104.490	31.607	1015	4.9	-2.4	79.8	9:54:21
19	104.491	31.607	1015	5.1	-2.7	79.1	9:54:25
20	104.491	31.608	1015	5.2	-2.1	78.4	9:54:29
21	104.492	31.608	1014	5.5	-1.5	78.7	9:54:33
22	104.493	31.609	1015	5.5	-1.4	79.2	9:54:37
23	104.494	31.609	1015	5.4	-1.3	78.5	9:54:41

（5）无人机航测内业

航片内业处理主要包含航片匀光、匀色；航片畸变纠正；航片拼接；控制点刺点；空三解算；DOM、DEM 生成等，主要处理流程如图 5-11 所示。

①原始资料准备：原始资料包括影像数据、POS 数据、相机文件以及控制点数据。先确认原始数据的完整性，再检查获取的影像中是否含有质量不合格的相片。同时查看 POS 数据文件，主要检查航带变化处的相片号，防止 POS 数据中的相片号与影像数据相片号不对应，出现不对应情况应人工手动调整。

②新建工程：打开软件，选择项目-新建项目，在弹出来的对话框中设置工程的属性，选择航拍项目，然后输入工程名字，设置路径。

③参数设置：设置 POS 数据坐标系，默认是 WGS84（经纬度）坐标；设置 POS 数据文件，点击从文件选择 POS 文件；确认各项设置后，点 Next 进入下一步，然后点击 Finish 完成工程的建立。

④控制点刺点：控制点必须在测区范围内合理分布，通常在测区四周

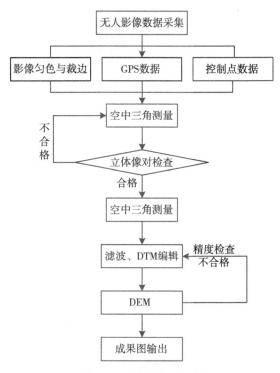

图 5-11　航片处理流程

以及中间都要有控制点。要完成模型的重建至少有 3 个控制点。通常 100 张相片需 6 个控制点左右，更多的控制点对精度也不会有明显的提升（在高程变化大的地方，更多的控制点可以提高高程精度）。控制点不要做在太靠近测区边缘的位置，控制点最好能够在 5 张影像上同时找到（至少两张）。

⑤ 初始化处理：完成影像畸变差纠正、拼接等工作。

⑥ 空三点云加密：生成加密点云。

⑦ DEM、DOM 生成：设置输出格式和格网间隔。

⑧ 正射影像图编辑：对生成的正射影像进行镶嵌等工作。

⑨ 成果质量检查：对生成的成果依据 GB/T 12340—2008《1∶500 1∶1000 1∶2000 地形图航空摄影测量内业规范》进行逐项检查、修正，直到成果满足要求。A 区、B 区正射影像图和数字高程模型见图 5-12 和图 5-13。

（6）土地利用现状评价

基于 ArcGIS 软件，对 A 区、B 区正射影像图进行投影变换-几何校正，利

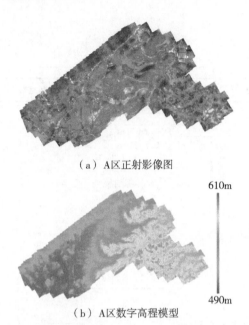

（a）A区正射影像图

610m

490m

（b）A区数字高程模型

图 5-12　A 区（土地流转区）正射影像图和数字高程模型

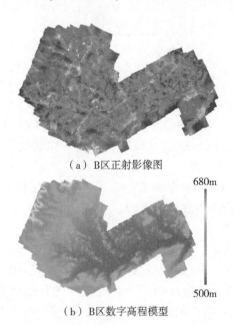

（a）B区正射影像图

680m

500m

（b）B区数字高程模型

图 5-13　B 区（土地未流转区）正射影像图和数字高程模型

用 GPS 定位测量，记录地理坐标并建立解译地物标志，以实地采取的控制点为地理参考，通过 GIS 目视判读解译法对 A 区、B 区的土地利用进行解译。依据《土地利用现状分类》（GB/T 21010—2017），结合项目区土地利用的实际情况，将土地利用类型分为水田、旱地、灌木林、疏林地、道路、河流、坑塘、建筑用地。A 区、B 区土地利用解译结果如图 5-14 所示。

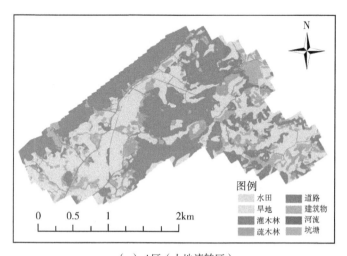

（a）A区（土地流转区）

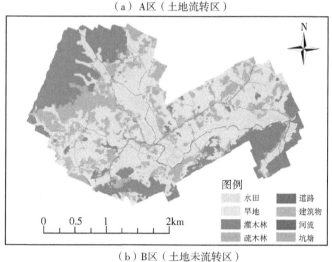

（b）B区（土地未流转区）

图 5-14　土地利用类型分布

由图 5-14 和表 5-9 可知，A 区（土地流转区）耕地以旱地为主，旱地面积达 232.74 hm²，占 A 区土地总面积的 39.31%，水田面积为 1.92 hm²，占 A 区土地总面积的 0.33%，可见，土地流转面积明显小于 A 区耕地总面积，沼液农田消纳可利用土地面积充足。B 区（土地未流转区）旱地和水田面积分别为 351.28 hm² 和 35.11 hm²，分别占 B 区土地总面积的 45.78% 和 4.58%。A 区和 B 区都分布有较多坑塘和河流等水域用地，分别占区域总面积的 4.33% 和 3.32%。

表 5-9　土地利用解译结果

土地利用类型	A 区（土地流转区）		B 区（土地未流转区）	
	面积（hm²）	比例（%）	面积（hm²）	比例（%）
水田	1.9	0.33	35.1	4.58
旱地	232.7	39.31	351.3	45.78
灌木林	206.7	34.91	187.5	24.43
疏林地	69.3	11.70	110.1	14.35
道路	12.6	2.14	11.1	1.45
河流	0.1	0.02	4.3	0.55
坑塘	25.5	4.31	21.3	2.77
建筑用地	43.2	7.29	46.7	6.09
总和	592.0	100.00	767.3	100.00

5.4.2　水土流失敏感性评估

（1）评估方法

水土流失敏感性评价是为了识别容易形成土壤侵蚀的区域，评价土壤侵蚀对人类活动的敏感程度。从土壤侵蚀敏感性的影响因素和分布规律出发，探讨主要自然因素对土壤侵蚀敏感性的影响规律。参照原国家环保总局发布的《生态功能区划暂行规程》，根据通用水土流失方程的基本原理，选取降水侵蚀力、土壤可蚀性、坡度坡长和地表植被覆盖等指标。将反映各因素对水土流失敏感性的单因子评估数据，用地理信息系统技术进行乘积运算，公式如下。

$$SS_i = \sqrt[4]{R_i \times K_i \times LS_i \times C_i} \tag{5-1}$$

式中：SS_i 为 i 空间单元水土流失敏感性指数，评估因子包括降雨侵蚀力

（R_i）、土壤可蚀性（K_i）、坡长坡度（LS_i）、地表植被覆盖（C_i）。

① 数据来源与获取。根据上述评估模型，水土流失敏感性评估所需数据包括气象数据集、土壤数据集、高程数据集、遥感数据集等，具体信息见表5-10。

表5-10　水土流失敏感性评估数据来源

名称	类型	分辨率	数据来源
气象数据集	文本	—	文献
土壤数据集	矢量/Excel	—	全国生态环境调查数据库 中国1∶100万土壤数据库
高程数据集	栅格	0.6 m	航拍DEM结果
植被数据集	栅格	250 m	美国国家航空航天局（NASA）网站 地理空间数据云网站

② 数据预处理。降雨侵蚀力因子 R_i：是指降雨引发土壤侵蚀的潜在能力，通过多年平均年降雨侵蚀力因子反映，可利用西北农林科技大学王万忠教授等研究结果。

坡度坡长因子 LS_i：L 表示坡长因子，S 表示坡度因子，是反映地形对土壤侵蚀影响的两个因子。在评估中，可以应用地形起伏度，即地面一定距离范围内最大高差，作为区域土壤侵蚀评估的地形指标。选择高程数据集，在Spatial Analyst下使用Neighborhood Statistics，设置Statistic Type为最大值和最小值，即得到高程数据集的最大值和最小值，然后在Spatial Analyst下使用栅格计算器Raster Calculator，公式为［最大值-最小值］，获取地形起伏度，即地形因子栅格图。

土壤可蚀性因子 K_i：指土壤颗粒被水力分离和搬运的难易程度，主要与土壤质地、有机质含量、土体结构、渗透性等土壤理化性质有关，计算公式如下。

$$K = (-0.01383 + 0.51575K_{EPIC}) \times 0.1317$$

$$K_{EPIC} = \{0.2 + 0.3\exp[-0.0256m_s(1 - m_{silt}/100)]\} \times [m_{silt}/(m_c + m_{silt})]^{0.3} \times \{1 - 0.25orgC/[orgC + \exp(3.72 - 2.95orgC)]\} \times \{1 - 0.7$$
$$(1 - m_s/100)/\{(1 - m_s/100) + (exp)[-5.51 + 22.9(1 - m_s/100)]\}\}$$

$$(5-2)$$

式中，K_{EPIC} 表示修正前的土壤可蚀性因子，K 表示修正后的土壤可蚀性因子，m_c、m_{silt}、m_s 和 $orgC$ 分别为黏粒（<0.002 mm）、粉粒（0.002~0.05

mm)、砂粒（0.05~2 mm）和有机碳的百分比含量（%），数据来源于中国1：100万土壤数据库。利用上述公式计算 K 值，然后以土壤类型图为工作底图，在 ArcGIS 中将 K 值连接到底图上。利用 Conversion Tools 中矢量转栅格工具，转换成土壤可蚀性因子栅格图。

植被覆盖度因子 C_i：植被覆盖度信息提取是在对光谱信号进行分析的基础上，通过建立归一化植被指数与植被覆盖度的转换信息，直接提取植被覆盖度信息。

$$C_i = (NDVI - NDVI_{soil}) / (NDVI_{veg} - NDVI_{soil}) \qquad (5-3)$$

式中：$NDVI_{veg}$ 为完全植被覆盖地表所贡献的信息，$NDVI_{soil}$ 为无植被覆盖地表所贡献的信息，$NDVI$ 为覆盖全国的 MODIS NDVI 数据，来源于美国国家航空航天局（NASA）的 EOS/MODIS 数据产品（http://e4ft101.cr.usgs.gov），空间分辨率为 250 m×250 m，时间分辨率为 16 d。运用地理信息系统软件进行图像处理，获取植被 $NDVI$ 影像图。由于大部分植被覆盖类型是不同植被类型的混合体，所以不能采用固定的 $NDVI_{soil}$ 和 $NDVI_{veg}$ 值，通常根据 $NDVI$ 的频率统计表，计算 $NDVI$ 的频率累积值，累积频率为 2% 的 $NDVI$ 值为 $NDVI_{soil}$，累积频率为 98% 的 $NDVI$ 值为 $NDVI_{veg}$。然后在 Spatial Analyst 下使用栅格计算器 Raster Calculator，进而计算植被覆盖度。

各项指标综合采用自然分界法与专家知识确定分级赋值标准，不同评估指标对应的敏感性等级值见表 5-11。

表 5-11　水土流失敏感性的评估指标及分级

指标	降雨侵蚀力	土壤可蚀性	地形起伏度	植被覆盖度	分级赋值
一般敏感	<100	石砾、沙、粗砂土、细砂土、黏土	0~50	≥0.6	1
敏感	100~600	面沙土、壤土、砂壤土、粉黏土、壤黏土	50~300	0.2~0.6	3
极敏感	>600	砂粉土、粉土	>300	≤0.2	5

（2）评估结果

将水土流失敏感性分为不敏感、敏感、极敏感 3 级，水土流失敏感性分级结果如图 5-15 和表 5-12 所示。对于 A 区，水土流失感敏性较高的区域主要分布在东侧的坡耕地上；对于 B 区，水土流失敏感性较高的区域主要分布在中部的坡耕地上。这主要是因为这些区域地形和土壤类型较敏感。

表 5-12　水土流失敏感性的分级统计结果

指标	不敏感		敏感		极敏感	
	面积（hm²）	比例（%）	面积（hm²）	比例（%）	面积（hm²）	比例（%）
A 区	423.83	55.69	278.68	36.61	58.61	7.70
B 区	271.37	68.29	89.59	22.55	36.42	9.16

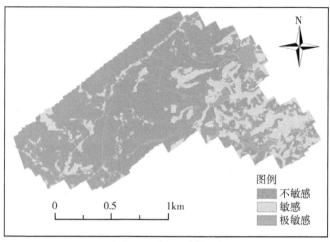

（a）A区（土地流转区）

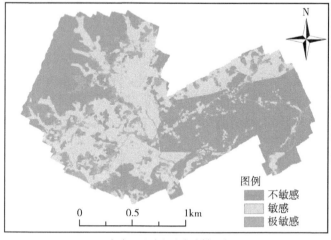

（b）B区（土地未流转区）

图 5-15　水土流失敏感性分级评价

5.4.3　土壤污染防治措施

（1）污染源分析

鸿丰牧场处于涪江流域，区域内有安昌河、草溪河两条河流过境。其中安昌河属于涪江支流，为二级功能区，主要为饮用水源区，属于水质敏感河流；草溪河为景观用水，不用于农业，但现状水质较差，已经严重超出Ⅴ类景观用水标准。本项目沼液消纳的A区（土地流转区）和B区（未流转区）都有常年性河道，塘库密布，沼液中富含氮磷等营养物质，如果施用不当，可能随水土流失进入沟渠，含有大量氮磷养分的径流直接排入安昌河、草溪河，可能加剧安昌河、草溪河富营养化程度。另外，残留在土壤中的污染物通过渗透作用到达地层深处，也可能污染地下水。

沼液中的重金属会在沼液-土壤-植物-人体食物链中积累、迁移、转化，重金属的富集将直接影响农产品的品质和产量。杨乐等（2012）研究新疆绿洲区连续5年施用沼液对农田土壤质量的影响显示，蔬菜地的重金属在允许范围内，但重金属Cd、As、Ni的积累严重。苗纪法等（2013）采用盆栽试验的方法，发现施用高浓度的沼液时，重金属Zn、Cu向土壤深层迁移的趋势明显，土壤中Zn、Cu、Pb、Cd、Cr的含量增加。因此，在沼液还田过程中应注意对畜禽粪便和沼液进行重金属监测，如果重金属含量高，应采取措施进行处理后再还田利用，以避免潜在的土壤重金属污染风险发生。

（2）土壤污染防护措施

采用现代平衡施肥科技成果，以测土配方施肥为基础，根据作物需肥规律、土壤供肥性能和肥料效应，提出氮、磷、钾肥的适宜用量和施肥技术。结合深松技术、设置沼液缓冲带等措施，提高项目区土壤地力，减少化肥和农药使用量。项目区开展沼液还田污染防治，要加强源头控制和土壤修复技术，主要采取以下防治措施。

①加强农业污染源的控制。对沼液、化肥的类型、施用量、使用方法等进行监管。在沼液、化肥使用上，依据测土配方施肥技术，充分考虑农田土壤特征和农作物生长状况，根据农作物对养分的需求量、对养分的吸收和需求季节安排施肥量、施肥方式和时间，探索有效利用畜禽有机肥的途径。

②加强养分源头减排和过程减量化。筛选沼液消纳量大、产量高的奶牛适口性作物，建立功能植物数据库；研究粪便、养分及重金属源头减排的饲料管理和饲养技术，优化饲养环节的饲料配方和管理模式，降低土地消纳养分的

压力和环境压力；研发沼液储运环节减量化技术。

③ 加强沼液灌溉后污染防治。加强沼液灌溉后污染治理，通过改变农田环境减少农田污染。例如，人工建立适当的溪沟、湿地、沙层过滤带及植被缓冲带等，有效地减少农田地表污染物。在农田中增加一些湿地面积，能够对农田中的氮、磷、钾肥和有害重金属等起到截留作用，降低农田的污染。

④ 利用多水塘系统控制面源污染。利用天然低洼地进行筑坝或人工开挖，水塘的体积、水深、水力负荷应适中，使污染物得到有效沉降，以加强反硝化过程，另外塘中大型植物群落生长也有利于悬浮物和养分的去除，达到水塘对非点源污染物的滞留和净化作用。

⑤ 建立农田动态监测管理和监督检查制度。建立和形成项目区农田动态监测网，对地力、肥效和环境质量实施长期定点预警监测，定期报告项目区农田质量变化趋势，根据监测报告，制定保护和提高项目区农田质量的技术措施。

5.5　农田养分管理方案

5.5.1　土壤与沼液养分分析

5.5.1.1　土壤养分分析方法与结果

（1）土壤采样分析方法

有机肥农田消纳基地位于黄土镇，目前雪宝集团已铺设 43 km 的沼液输送管道，涵盖喇叭村、江池村、石鸭村、民主村、八一村等村组 260 hm² 土地，企业与合作社农户建立了长效的利益联结机制。综合考虑研究区域的土壤、地形、作物种类等实际情况，将研究区分成 47 个小区，对不同小区按 "S" 形采样法采集土壤耕层（0~15 cm）混合样，每个小区采集样点数量在 15~20个。利用荷兰 Eijkelkamp 公司生产的土壤采样器取样，采样器直径为 8 cm，采样器每次采样深度为 15 cm，采集过程不可太集中，应避开路边、地角和堆积过肥料的地方，将各采样点土样集中一起混合均匀后，利用四分法进行取样，直到留下的土样达到 1~2 kg，将土样装入塑料袋内，并附上标签，记录采样点信息。

土样带回实验室后，首先称量土样的湿土重，然后用 50 mL 烧杯称量 30 g

土样，烘干再称重，以测定土壤水分，利用土样干重和体积计算容重。水分测定后，将土样摊开放在牛皮纸上风干，土样风干后装袋，然后称重。称重后进行研磨和过筛，剔除大颗粒及植物根系，使土壤样品全部通过孔径为 2.0 mm 的筛子，然后利用四分法取出 100 g 进一步研磨，使其全部通过孔径为 0.25 mm 的筛子。土壤养分分析指标包括速效氮、速效磷、速效钾、总氮、全磷、全钾等。

（2）土壤养分分析结果

共分析了 47 个样地的土壤总氮、速效氮、全磷、速效磷、全钾和速效钾含量，每个地块土壤养分分析结果见表 5-13。

表 5-13　土壤养分分析结果

样地编号	总氮（g/kg）	速效氮（mg/kg）	全磷（mg/kg）	速效磷（mg/kg）	全钾（g/kg）	速效钾（mg/kg）
Y-1	1.40	50.40	171.67	30.08	10.04	50.34
Y-2	1.80	51.10	157.54	23.41	10.06	50.23
Y-3	2.10	67.20	176.56	13.55	10.09	51.93
Y-4	1.30	30.10	159.17	26.88	10.27	51.37
Y-5	2.00	44.10	166.24	15.68	10.02	51.86
Y-6	2.50	58.10	170.58	25.55	10.07	51.36
Y-7	2.00	58.80	178.73	16.21	10.07	51.45
Y-8	1.70	72.80	176.56	23.41	10.22	51.93
Y-9	1.60	55.30	170.04	27.95	10.29	51.38
Y-10	1.50	49.00	179.27	32.21	10.04	55.23
Y-11	1.60	63.00	168.41	23.41	10.29	69.23
Y-12	1.40	37.80	193.40	28.21	10.49	59.02
Y-13	1.30	67.20	157.00	26.88	10.27	68.22
Y-14	1.40	42.70	149.40	28.21	9.85	70.23
Y-15	1.60	51.80	180.36	31.15	10.35	72.98
Y-16	1.40	50.40	162.98	35.68	10.07	70.23
Y-17	1.40	65.10	153.20	20.75	10.27	75.45
Y-18	1.80	69.30	146.14	28.75	10.49	73.34
Y-19	1.70	63.00	196.11	19.41	10.16	77.68
Y-20	1.50	50.40	177.64	38.61	9.87	78.45

（续表）

样地编号	总氮 （g/kg）	速效氮 （mg/kg）	全磷 （mg/kg）	速效磷 （mg/kg）	全钾 （g/kg）	速效钾 （mg/kg）
Y-21	1.20	44.10	174.38	26.88	10.12	87.80
Y-22	1.50	56.00	158.09	40.75	9.64	60.31
Y-23	1.30	45.50	206.43	38.61	10.04	59.31
Y-24	1.50	48.30	168.95	38.08	8.62	60.44
Y-25	1.20	50.40	141.79	27.41	9.44	55.04
Y-26	1.20	56.00	133.10	27.15	9.04	52.34
Y-27	1.20	48.30	172.21	39.68	9.30	53.93
Y-28	0.80	23.10	74.98	13.01	9.45	50.34
Y-29	1.00	30.80	129.84	24.21	9.64	50.24
Y-30	0.90	49.00	187.98	27.68	9.84	67.21
Y-31	1.10	25.20	205.36	17.01	10.04	52.44
Y-32	1.10	28.70	171.68	19.95	10.06	50.32
Y-33	1.20	33.60	166.25	38.88	9.03	45.41
Y-34	1.30	32.20	190.15	31.15	9.44	47.21
Y-35	1.20	35.00	193.41	39.81	9.65	50.22
Y-36	1.40	44.10	215.14	26.88	8.95	50.34
Y-37	1.70	65.10	178.20	21.81	9.18	67.45
Y-38	1.70	56.00	191.24	37.55	10.07	78.22
Y-39	1.20	28.00	184.72	24.21	9.84	80.33
Y-40	1.10	37.10	153.22	32.75	9.49	80.75
Y-41	1.10	28.00	146.70	29.81	11.31	106.06
Y-42	2.10	63.00	234.70	29.28	11.07	80.45
Y-43	1.20	55.30	180.38	33.41	10.01	76.82
Y-44	1.10	45.50	204.28	41.01	10.09	80.34
Y-45	1.20	41.30	212.97	34.21	9.48	79.23
Y-46	0.90	25.90	202.10	34.15	11.01	126.09
Y-47	1.30	47.60	177.12	29.01	10.07	120.45

速效养分统计结果见表5-14。土壤速效氮为23.10~72.80 mg/kg，平均值为47.67 mg/kg；土壤速效磷为13.01~41.01 mg/kg，平均值为

28.52 mg/kg；土壤速效钾为 45.41～126.09 mg/kg，平均值为 65.98 mg/kg。

表 5-14　采样地块养分统计

养分指标	最小值	最大值	平均值	标准差
速效氮	23.10	72.80	47.67	13.21
速效磷	13.01	41.01	28.52	7.44
速效钾	45.41	126.09	65.98	18.26

5.5.1.2　沼液养分分析方法与结果

（1）沼液养分分析方法

鸿丰牧场厂区内有一容积约为 4 780 m³ 的沼液沉淀池，在民主村内设有一容积约为 2 700 m³ 的沼液储存池。因此，沼液采样对象为沼液沉淀池和沼液储存池，采样点具体信息见表 5-15。对沼液养分分析内容包括总氮、全磷、全钾、pH。

表 5-15　沼液水样采样点信息

水样编号	地理坐标	海拔	采样点类型
C-1	31.612005N, 104.515907E	551.34	沼液沉淀池
C-2	31.636244N, 104.520406E	576.03	沼液储存池

（2）沼液养分分析结果

总氮、全磷、全钾、pH 分析结果见表 5-16。沼液的总氮平均含量为 1 013.29 mg/kg，全磷平均含量为 444.55 mg/kg，全钾平均含量为 995.9 mg/kg。

表 5-16　沼液养分分析结果

编号	总氮（mg/kg）	全磷（mg/kg）	全钾（mg/kg）	pH
C-1	1 035.24	499.05	928.40	7.7
C-2	991.34	390.05	1 063.40	7.4

5.5.2　土壤供肥量与作物需肥量测算

5.5.2.1　测算方法

施肥技术是科学施肥的重要内容，包括肥料的种类、施肥时期、施肥方式与方法以及施肥量和养分配比等。而施肥量的确定是配方施肥技术中的核心问题，即只有在适宜施肥量的前提下，施肥的效果才能充分发挥。确定施肥量应考虑作物产量、土壤供肥量、肥料利用率和经济效益，以及气候和农业技术等条件，根据养分平衡法来确定施肥量。作物的养分吸收量等于土壤与肥料二者养分供应量之和，其表达式如下。

$$作物养分吸收量 = 土壤养分供应量 + 肥料养分供应量 \qquad (5-4)$$

（1）作物养分吸收量的估算

作物养分吸收量主要取决于产量水平，而确定施肥量要在产前进行。产前必须设定一个产量，即目标产量（也叫计划产量）。因此，养分平衡法也称为目标产量法。目标产量应根据当地的土壤气候特点及栽培条件确定，一般以上一年度的实际产量上浮 10% 为宜。确定目标产量后，作物养分吸收量可通过下式估算。

$$作物养分吸收量 = 目标产量 \times 每吨经济产量养分吸收量 \qquad (5-5)$$

（2）土壤供肥量的估算

土壤供肥量一般通过土壤取样化验来估算。估算公式如下。

$$土壤供肥量 = 土壤养分测试值 \times 土壤养分利用校正系数 \times 0.15 \qquad (5-6)$$

（3）作物施肥量的推算

肥料为作物提供的部分养分要通过施肥来进行。但作物施肥量与肥料养分供应量并不完全相同。因为投入农田的养分仅有一部分被当季作物吸收利用，考虑到肥料利用率因素，施肥量可通过下式推算。

$$作物施肥量 = （作物养分吸收量 - 土壤供肥量） \div 肥料利用率 \qquad (5-7)$$

式（5-7）中，作物施肥量是指施用某一养分元素的量。具体到化肥品种，实物化肥用量则要通过下式推算。

$$实物化肥用量 = 作物施肥量 \div 有效成分含量 \qquad (5-8)$$

上述公式中涉及的每吨经济产量养分吸收量、土壤养分利用系数、化肥利用率、化肥有效成分含量统称为施肥参数。通过试验研究经验，在一般情况下，化肥的当季利用率为：氮肥 30% ~ 35%，磷肥 20% ~ 25%，钾肥 25% ~ 35%。

项目区流转土地所种植物均用于牛场饲养，故拟定种植方式为大麦-玉米轮作，其中大麦生长周期为 10 月至翌年 3 月，玉米生长周期为 3—7 月。大麦在抽穗拔节后收割麦叶和麦穗用于生产青贮饲料，玉米在生长完成后整株收割用于生产青贮饲料。下面分别确定玉米季和大麦季的土壤供肥量与需肥量。

5.5.2.2 玉米季土壤供肥量与需肥量

青贮玉米秸秆（含玉米籽粒）年产量 4 t/亩（1 亩 ≈ 667 m²），籽粒约占总鲜重的 20%，籽粒含水率为 40%，即青贮玉米的干籽粒年产量约为 480 kg/亩。目标产量以上一年度的实际产量上浮 10% 为宜，即目标产量为 528 kg。通过查阅《肥料手册》（北京农业大学《肥料手册》编写组，1987，农业出版社）可知玉米籽粒的每 100 kg 经济产量所吸收的养分量（kg）分别为：氮（N）2.57 kg，五氧化二磷（P_2O_5）0.86 kg，氧化钾（K_2O）2.14 kg。

依据作物养分吸收量式（5-5）测算方法，青贮玉米作物目标产量条件下养分吸收量为：氮（N）203.6 kg/hm²，五氧化二磷（P_2O_5）68.1 kg/hm²，氧化钾（K_2O）168.5 kg/hm²。依据作物需肥量式（5-7）测算方法，计算出不同地块玉米的理论需肥量（表5-17）。青贮玉米的氮肥、磷肥、钾肥利用率分别以 32%、25%、43% 计。

表5-17 青贮玉米季土壤供肥量和需肥量　　　　　　　（kg/hm²）

地块编号	养分利用校正系数			土壤供肥量			作物需肥量		
	P	N	K	P	N	K	P	N	K
Y-1	0.82	1.14	0.52	55.7	129.6	59.4	50.0	231.2	255.9
Y-2	0.97	1.13	0.53	51.2	129.9	59.4	68.1	230.4	256.1
Y-3	1.46	0.89	0.52	44.4	135.3	60.3	67.8	213.5	254.0
Y-4	0.88	1.81	0.52	53.4	122.9	60.0	58.7	252.5	254.7
Y-5	1.30	1.28	0.52	45.8	127.5	60.3	63.8	237.8	254.1
Y-6	0.91	1.01	0.52	52.5	132.2	60.0	62.3	223.1	254.7
Y-7	1.27	1.00	0.52	46.2	132.5	60.0	62.7	222.3	254.6
Y-8	0.97	0.84	0.52	51.2	137.1	60.3	68.1	207.6	254.0
Y-9	0.86	1.05	0.52	54.2	131.3	60.0	55.8	225.9	254.7
Y-10	0.79	1.17	0.50	57.2	129.2	62.1	44.1	232.5	249.9
Y-11	0.97	0.94	0.45	51.2	133.8	69.6	68.1	218.0	232.4
Y-12	0.86	1.47	0.48	54.3	125.4	64.1	55.1	244.4	245.5
Y-13	0.88	0.89	0.45	53.4	135.3	69.0	58.7	213.5	233.6
Y-14	0.86	1.32	0.44	54.3	127.1	70.1	55.1	239.1	231.2
Y-15	0.80	1.12	0.44	56.4	130.1	71.6	47.1	229.7	227.7
Y-16	0.74	1.14	0.44	59.4	129.6	70.1	34.7	231.2	231.2

（续表）

地块编号	养分利用校正系数			土壤供肥量			作物需肥量		
	P	N	K	P	N	K	P	N	K
Y-17	1.06	0.92	0.43	49.2	134.6	72.9	62.9	215.7	224.6
Y-18	0.85	0.87	0.43	54.8	135.9	71.9	53.6	211.4	227.3
Y-19	1.11	0.94	0.42	48.3	133.8	74.1	65.9	218.0	221.9
Y-20	0.71	1.14	0.42	61.5	129.6	74.6	35.1	231.2	220.8
Y-21	0.88	1.28	0.40	53.4	127.5	79.5	58.7	237.8	209.1
Y-22	0.67	1.04	0.48	61.1	131.6	64.8	37.2	225.3	243.5
Y-23	0.71	1.25	0.48	61.5	128.0	64.2	35.1	236.3	244.8
Y-24	0.71	1.19	0.48	61.1	128.9	64.8	37.1	233.3	243.3
Y-25	0.87	1.14	0.50	53.9	129.6	62.0	57.3	231.2	250.1
Y-26	0.88	1.04	0.51	53.7	131.6	60.5	57.9	225.3	253.5
Y-27	0.69	1.19	0.51	60.3	128.9	61.4	40.8	233.3	251.4
Y-28	1.50	2.32	0.52	44.0	120.5	59.4	68.9	259.7	255.9
Y-29	0.95	1.78	0.53	51.6	123.0	59.4	66.0	251.7	256.1
Y-30	0.87	1.17	0.45	54.0	129.2	68.6	56.6	232.5	234.9
Y-31	1.22	2.14	0.51	46.8	121.2	60.6	61.1	257.6	253.4
Y-32	1.09	1.89	0.52	48.8	122.3	59.4	64.7	253.8	255.9
Y-33	0.70	1.64	0.56	61.7	123.9	56.9	34.2	248.7	262.1
Y-34	0.80	1.70	0.54	56.4	123.5	57.8	47.1	250.2	259.8
Y-35	0.67	1.58	0.53	60.5	124.5	59.4	40.4	247.2	256.1
Y-36	0.88	1.28	0.52	53.4	127.5	59.4	58.7	237.8	255.9
Y-39	0.95	1.94	0.42	51.6	122.1	75.6	66.0	254.6	218.6
Y-40	0.78	1.50	0.42	57.5	125.1	75.8	42.8	245.1	218.0
Y-41	0.83	1.94	0.37	55.5	122.1	89.4	50.7	254.6	186.3
Y-43	0.77	1.05	0.43	57.9	131.3	73.7	41.0	225.9	222.9
Y-44	0.66	1.25	0.42	61.2	128.0	75.6	36.3	236.3	218.6
Y-45	0.76	1.36	0.42	58.5	126.6	75.0	38.7	240.6	219.9
Y-46	0.76	2.08	0.35	58.4	121.4	100.1	38.9	256.8	161.4
Y-47	0.84	1.20	0.36	54.9	128.7	97.1	52.8	234.0	168.5

5.5.2.3 大麦季土壤供肥量与需肥量

大麦季施肥量计算方法与玉米季算法相同。青贮大麦（含麦穗）年产量为 30 t/hm²，籽粒约占总鲜重的20%，籽粒含水率为30%，即青贮大麦的干籽粒年产量约为 4.20 t/hm²。目标产量以上一年度的实际产量上浮10%为宜，即目标产量为 4.62 t/hm²。

通过查阅《肥料手册》（北京农业大学《肥料手册》编写组，1987，农业出版社）可知大麦籽粒的每 100 kg 经济产量所吸收的养分量（kg）分别为：氮（N）2.70 kg，五氧化二磷（P_2O_5）0.90 kg，氧化钾（K_2O）2.20 kg。依据作物养分吸收量式（5-5）测算方法，大麦作物目标产量条件下养分吸收量为：氮（N）124.8 kg/hm²，五氧化二磷（P_2O_5）41.55 kg/hm²，氧化钾（K_2O）101.7 kg/hm²。依据作物需肥量式（5-7）测算方法，测算出不同地块的大麦季理论需肥量（表5-18）。大麦的氮肥、磷肥、钾肥利用率分别以32%、19%、44%计。

表 5-18　大麦季土壤供肥量和需肥量　　　　　　　　　　　　（kg/hm²）

地块编号	养分利用校正系数			土壤供肥量			作物需肥量		
	P	N	K	P	N	K	P	N	K
Y-1	0.47	0.73	0.52	51.0	131.4	96.0	32.0	82.7	59.4
Y-2	0.58	0.73	0.53	58.1	129.0	96.0	30.6	83.4	59.4
Y-3	0.91	0.66	0.52	72.2	77.9	94.1	27.9	99.8	60.3
Y-4	0.52	0.85	0.52	54.2	209.3	94.7	31.4	57.8	60.0
Y-5	0.81	0.76	0.52	68.4	153.8	94.1	28.5	75.6	60.3
Y-6	0.54	0.70	0.52	55.7	105.9	94.7	31.1	90.9	60.0
Y-7	0.79	0.69	0.52	67.7	103.7	94.5	28.8	91.7	60.0
Y-8	0.58	0.64	0.52	58.1	61.8	94.1	30.6	105.0	60.3
Y-9	0.53	0.71	0.52	53.1	114.9	94.7	31.5	87.9	60.0
Y-10	0.44	0.74	0.50	49.1	136.2	90.0	32.3	81.2	62.1
Y-11	0.58	0.68	0.45	58.1	90.5	72.9	30.6	95.7	69.6
Y-12	0.50	0.80	0.48	52.8	177.6	85.4	31.5	68.0	64.1
Y-13	0.52	0.66	0.45	54.2	77.9	74.1	31.4	99.8	69.0
Y-14	0.50	0.77	0.44	52.8	159.0	71.7	31.5	74.0	70.1
Y-15	0.46	0.72	0.44	50.1	126.6	68.3	32.1	84.2	71.6

（续表）

地块编号	养分利用校正系数			土壤供肥量			作物需肥量		
	P	N	K	P	N	K	P	N	K
Y-16	0.41	0.73	0.44	46.2	131.4	71.7	32.9	82.7	70.1
Y-17	0.64	0.67	0.43	61.2	84.2	65.3	30.0	97.8	72.9
Y-18	0.49	0.65	0.43	52.4	71.7	67.8	31.7	101.9	71.9
Y-19	0.68	0.68	0.42	63.0	90.5	62.6	29.6	95.7	74.1
Y-20	0.38	0.73	0.42	43.8	131.4	61.7	33.3	82.7	74.6
Y-21	0.52	0.76	0.40	31.4	75.6	79.5	54.2	153.8	50.3
Y-22	0.37	0.70	0.48	33.6	88.7	64.8	42.3	112.7	83.7
Y-23	0.38	0.75	0.48	33.3	77.1	64.2	43.8	148.7	85.1
Y-24	0.39	0.74	0.48	33.2	80.4	64.8	44.3	138.8	83.6
Y-25	0.51	0.73	0.50	31.4	82.7	62.0	53.7	131.4	90.2
Y-26	0.51	0.70	0.51	31.4	88.7	60.5	54.0	112.7	93.5
Y-27	0.37	0.74	0.51	33.5	80.4	61.4	43.1	138.8	91.5
Y-28	0.95	0.92	0.52	27.8	47.7	59.4	73.1	240.9	96.0
Y-29	0.56	0.85	0.53	30.8	58.7	59.4	57.0	206.3	96.0
Y-30	0.50	0.74	0.45	31.5	81.2	68.6	53.4	136.2	75.3
Y-31	0.76	0.90	0.51	29.0	50.9	60.6	66.5	231.2	93.3
Y-32	0.66	0.86	0.52	29.7	55.8	59.4	62.3	215.4	96.0
Y-33	0.38	0.83	0.56	33.3	62.6	56.9	43.7	194.6	102.0
Y-34	0.46	0.84	0.54	32.1	60.6	57.8	50.1	200.4	99.8
Y-35	0.37	0.82	0.53	33.5	64.4	59.4	42.9	188.9	96.2
Y-36	0.52	0.76	0.52	31.4	75.6	59.4	54.2	153.8	96.0
Y-39	0.56	0.87	0.42	30.8	54.9	75.6	57.0	218.6	59.4
Y-40	0.44	0.80	0.42	32.4	67.1	75.8	48.6	180.5	58.8
Y-41	0.47	0.87	0.37	31.8	54.9	89.4	51.3	218.6	27.9
Y-43	0.43	0.71	0.43	32.4	87.9	73.7	48.0	114.9	63.6
Y-44	0.36	0.75	0.42	33.6	77.1	75.6	42.2	148.7	59.4
Y-45	0.42	0.78	0.42	32.6	72.2	75.0	47.4	164.3	60.8
Y-46	0.42	0.89	0.35	32.6	51.8	100.1	47.4	227.9	3.5
Y-47	0.49	0.74	0.36	31.7	79.5	97.1	52.1	141.2	10.4

5.5.3 作物施肥计划

5.5.3.1 玉米季施肥计划

沼液中的有效养分包括氮含量 1.035 g/kg、磷含量 0.499 g/kg、钾含量 0.928 g/kg，按满足最小养分用量原则计算得各地块沼液理论消纳用量和需要外加的化肥量。青贮玉米土地施加沼液可以满足磷养分，氮钾养分会施加不足，需要在施加沼液同时添加部分氮肥、钾肥或高效复合肥。种植青贮玉米所消纳沼液范围为 68.55~138 t/hm²，平均消纳沼液为 105.9 t/hm²；外加氮肥为 66.3~177.8 kg/hm²，平均添加氮肥 125.3 kg/hm²，外加钾肥为 83.1~218.9 kg/hm²，平均添加钾肥 157.4 kg/hm²。青贮玉米季沼液施加量以及化肥添加量见表 5-19。

表 5-19　青贮玉米季施肥量

样地编号	作物需沼液（t/hm²）	需氮肥量（kg/hm²）	需钾肥量（kg/hm²）	样地编号	作物需沼液（t/hm²）	需氮肥量（kg/hm²）	需钾肥量（kg/hm²）
Y-1	100.2	127.5	182.9	Y-23	70.5	163.4	198.3
Y-2	136.5	136.5	149.3	Y-24	74.3	156.5	193.2
Y-3	136.1	136.1	147.5	Y-25	114.8	112.4	163.1
Y-4	117.6	117.6	165.3	Y-26	116.1	105.0	165.3
Y-5	127.7	127.7	155.3	Y-27	81.6	148.8	195.2
Y-6	125.0	125.0	158.6	Y-28	138.0	116.9	147.8
Y-7	125.6	125.6	157.8	Y-29	132.2	114.9	153.3
Y-8	136.5	136.5	147.0	Y-30	113.3	115.4	148.1
Y-9	111.8	111.8	170.7	Y-31	122.4	130.8	159.3
Y-10	88.5	88.5	187.1	Y-32	129.6	119.9	155.6
Y-11	136.5	136.5	123.8	Y-33	68.6	177.8	218.9
Y-12	110.3	110.3	161.7	Y-34	94.4	152.6	192.5
Y-13	117.6	117.6	142.7	Y-35	80.7	163.7	201.0
Y-14	110.3	110.3	146.7	Y-36	117.6	116.0	166.7
Y-15	94.4	94.4	157.8	Y-39	132.2	117.8	112.8
Y-16	69.6	69.6	184.5	Y-40	85.7	156.5	155.4
Y-17	125.9	125.9	125.3	Y-41	101.6	149.4	106.5
Y-18	107.4	107.4	145.2	Y-43	81.9	141.2	164.1
Y-19	132.0	132.0	116.3	Y-44	72.8	161.0	168.0
Y-20	70.5	70.5	172.5	Y-45	77.6	160.4	165.0
Y-21	117.6	117.6	116.3	Y-46	78.0	176.1	101.6
Y-22	74.6	74.6	193.2	Y-47	105.9	124.4	83.1

青贮玉米施肥分为底肥和追肥，底肥一次性施用，追肥分 3 次添加，3 次追肥各占总追肥量的 30％、50％、20％。底肥包括施用沼液施加量的 70％，总追肥量包括沼液施加量的 30％和额外添加的化肥量。

玉米追肥应以氮肥为主，于苗期、穗期或花粒期进行。在拔节期追攻秆肥，大喇叭口期追攻穗肥，抽雄开花期酌情补施粒肥。种肥和攻秆肥主要是促进根、茎、叶的生长和雄穗、雌穗的分化，有保穗、增花、增粒的重要作用；攻穗肥主要是促进雌穗分化和生长，有提高光合作用，延长叶片功能期和增花、增粒及提高粒重的重要作用；粒肥有防止植株早衰、延长叶片功能期、提高光合作用和提高粒重的重要作用。本次计算采用的氮肥为尿素，钾肥为氯化钾，青贮玉米季的沼液施用计划见表 5-20。

表 5-20　青贮玉米季施肥计划

样地编号	沼液作底肥（t/hm²）	拔节期追肥			大喇叭口期追肥			抽雄丝期追肥		
		沼液（t/hm²）	氮肥（kg/hm²）	钾肥（kg/hm²）	沼液（t/hm²）	氮肥（kg/hm²）	钾肥（kg/hm²）	沼液（t/hm²）	氮肥（kg/hm²）	钾肥（kg/hm²）
Y-1	70.1	9.0	38.3	54.9	15.0	63.8	91.5	6.0	25.5	36.6
Y-2	95.6	12.3	26.7	44.9	20.6	44.6	74.7	8.3	17.9	29.9
Y-3	95.3	12.3	21.9	44.3	20.4	36.5	73.8	8.1	14.6	29.6
Y-4	82.4	10.7	39.2	49.7	17.7	65.4	82.7	7.1	26.1	33.0
Y-5	89.4	11.6	31.7	46.7	19.2	52.8	77.7	7.7	21.2	31.1
Y-6	87.5	11.3	28.2	47.6	18.8	47.0	79.2	7.5	18.8	31.7
Y-7	87.9	11.3	27.8	47.4	18.9	46.2	78.9	7.5	18.5	31.5
Y-8	95.6	12.3	20.0	44.1	20.6	33.2	73.5	8.3	13.2	29.4
Y-9	78.3	10.1	33.2	51.2	16.8	55.5	85.4	6.8	22.1	34.2
Y-10	62.0	8.0	42.3	56.1	13.2	70.5	93.6	5.3	28.2	37.4
Y-11	95.6	12.3	23.0	37.1	20.6	38.3	61.8	8.3	15.3	24.4
Y-12	77.3	9.9	39.0	48.5	16.5	65.1	80.9	6.6	26.0	32.4
Y-13	82.4	10.7	27.6	42.8	17.7	45.8	71.3	7.1	18.3	28.5
Y-14	77.3	9.9	37.5	44.0	16.5	62.6	73.4	6.6	25.1	29.4
Y-15	66.0	8.6	39.6	47.4	14.1	66.0	78.9	5.7	26.4	31.5
Y-16	48.8	6.3	47.7	55.4	10.5	79.5	92.3	4.2	31.8	36.9
Y-17	88.2	11.4	25.7	37.5	18.9	42.8	62.6	7.5	17.1	25.1

（续表）

样地编号	沼液作底肥 (t/hm²)	拔节期追肥			大喇叭期追肥			抽雄丝期追肥		
		沼液 (t/hm²)	氮肥 (kg/hm²)	钾肥 (kg/hm²)	沼液 (t/hm²)	氮肥 (kg/hm²)	钾肥 (kg/hm²)	沼液 (t/hm²)	氮肥 (kg/hm²)	钾肥 (kg/hm²)
Y-18	75.2	9.6	30.0	43.5	16.1	50.1	72.6	6.5	20.0	29.1
Y-19	92.4	11.9	24.5	35.0	19.8	40.7	58.4	8.0	16.2	23.3
Y-20	49.4	6.3	47.4	51.8	10.5	79.1	86.3	4.2	31.7	34.5
Y-21	82.4	10.7	34.8	35.0	17.7	58.1	58.2	7.1	23.3	23.3
Y-22	52.2	6.8	44.4	57.9	11.1	74.1	96.6	4.5	29.6	38.7
Y-23	49.4	6.3	49.1	59.6	10.5	81.6	99.2	4.2	32.7	39.6
Y-24	52.1	6.8	47.0	57.9	11.1	78.2	96.6	4.5	31.4	38.7
Y-25	80.3	10.4	33.8	48.9	17.3	56.3	81.5	6.9	22.5	32.6
Y-26	81.3	10.5	31.5	49.7	17.4	52.5	82.7	6.9	21.0	33.0
Y-27	57.2	7.4	44.7	58.5	12.3	74.4	97.7	5.0	29.7	39.0
Y-28	96.6	12.5	35.1	44.3	20.7	58.4	73.8	8.3	23.4	29.6
Y-29	92.6	11.9	34.5	46.1	19.8	57.5	76.7	8.0	23.0	30.6
Y-30	79.2	10.2	34.7	44.4	17.0	57.8	74.0	6.8	23.1	29.6
Y-31	85.8	11.0	39.3	47.9	18.3	65.4	79.7	7.4	26.1	31.8
Y-32	90.6	11.7	36.0	46.7	19.5	59.9	77.9	7.8	24.0	31.1
Y-33	48.0	6.2	53.3	65.7	10.4	88.8	109.4	4.1	35.6	43.8
Y-34	66.0	8.6	45.8	57.8	14.1	76.4	96.3	5.7	30.5	38.6
Y-35	56.6	7.2	49.1	60.3	12.2	81.9	100.5	4.8	32.7	40.2
Y-36	82.4	10.7	34.8	50.0	17.7	58.1	83.4	7.1	23.3	33.3
Y-39	92.6	11.9	35.4	33.9	19.8	59.0	56.4	8.0	23.6	22.5
Y-40	59.9	7.7	47.0	46.7	12.9	78.3	77.7	5.1	31.4	31.1
Y-41	71.1	9.2	44.9	32.0	15.3	74.7	53.3	6.2	29.9	21.3
Y-43	57.3	7.4	42.3	49.2	12.3	70.7	82.1	5.0	28.2	32.9
Y-44	50.9	6.6	48.3	50.4	11.0	80.6	84.0	4.4	32.3	33.6
Y-45	54.3	7.1	48.2	49.5	11.7	80.1	82.5	4.7	32.1	33.0
Y-46	54.6	7.1	52.8	30.5	11.7	88.1	50.9	4.7	35.3	20.3
Y-47	74.1	9.6	37.4	24.9	15.9	62.3	41.6	6.3	24.9	16.7

5.5.3.2 大麦季施肥计划

青贮大麦土地施加沼液可以满足磷钾养分，某些地块氮养分会施加不足，需要在施加沼液同时添加氮肥，本次计算的添加氮肥为尿素。种植大麦所消纳沼液范围为 69.3~146.6 t/hm²，平均施用沼液 107.3 t/hm²；外加氮肥范围为 25.2~277.7 kg/hm²，平均外加氮肥 116.7 kg/hm²。青贮大麦季沼液施加量以及氮肥添加量见表 5-21。

表 5-21 大麦季沼液施加量

样地编号	需沼液量（t/hm²）	需氮肥量（kg/hm²）	采样地块编号	需沼液量（t/hm²）	需氮肥量（kg/hm²）	采样地块编号	需沼液量（t/hm²）	需氮肥量（kg/hm²）
Y-1	102.3	54.8	Y-16	92.6	76.4	Y-31	133.1	200.3
Y-2	116.3	—	Y-17	122.7	—	Y-32	124.8	184.9
Y-3	144.6	—	Y-18	104.9	—	Y-33	87.5	223.1
Y-4	108.6	207.8	Y-19	126.2	—	Y-34	100.4	207
Y-5	137.3	25.2	Y-20	87.1	86.7	Y-35	86.1	213.8
Y-6	111.5	—	Y-21	108.6	88.7	Y-36	108.6	88.7
Y-7	135.5	—	Y-22	84.8	53.6	Y-39	114.3	214.7
Y-8	116.3	—	Y-23	87.9	123.8	Y-40	97.5	170.6
Y-9	106.5	—	Y-24	88.7	100.5	Y-41	102.8	240.3
Y-10	98.4	73.7	Y-25	107.6	43.1	Y-43	96.3	32.7
Y-11	116.3	—	Y-26	108	—	Y-44	84.3	131.7
Y-12	105.9	145.8	Y-27	86.3	105.9	Y-45	94.9	141.3
Y-13	108.6	—	Y-28	146.6	191.6	Y-46	95.1	277.7
Y-14	105.9	105.8	Y-29	114.3	188.6	Y-47	104.4	71.1
Y-15	100.4	48.8	Y-30	106.9	54.75			

大麦季中，各养分对大麦生长均有重要作用。

（1）氮养分对大麦苗期根、茎、叶的生长和分蘖起着重要作用，对拔节期绿叶面积的增大尤为显著。由于叶面积增大，增强了叶光合作用和营养物质的积累，从而为穗的分化、开花和籽粒的形成提供了物质基础。在后期施用适量的氮肥，能够提高大麦的千粒重和籽粒的蛋白质含量。如果氮肥不足时，造成大麦根少、株小、分蘗少、叶色浅、成熟早、穗小粒少、产量低。但是，施用氮肥也不能过量，否则又会造成苗期分蘗过多，有效分蘗降低，根系和地上部比例失调，茎秆徒长，抗逆性差，易受病虫害侵染，贪青晚熟，倒伏减产。

（2）磷养分能使大麦早生根、早分蘗、早开花，并促进植株体内糖分和蛋白质的代谢，增强抗旱、抗寒能力。大麦开花后，在籽粒形成过程中，磷能够加快灌浆速度，增加千粒重，提早成熟。如果磷素不足，苗期根系发育弱，分蘗减少，叶片狭窄呈紫色，大麦拔节、抽穗、开花延迟，且授粉也会受到影响，其结果是穗粒数减少、千粒重降低、产量下降。

（3）钾肥能增强光合作用和促进光合产物向各个器官运转。在大麦苗期，钾能促进根系发育，拔节期能增加茎秆细胞壁厚度，促进细胞木质化，使茎秆坚硬，从而增强大麦抗寒、抗旱、抗高温、抗病虫害和抗倒伏能力。在灌浆期，钾素可促进淀粉合成、养分转化和氮素的代谢，使大麦落黄好、成熟早，从而增加产量和改进品质。

青贮大麦割期早于常规收割麦粒，作物施肥时间应当调整。针对青贮大麦的生长特性，建议将所需沼液和化肥作为底肥一次性施用。

5.5.4　区域养分平衡

项目区主要农作物为玉米和大麦，种植青贮玉米所消纳沼液范围为$68.6 \sim 138$ t/hm²，平均消纳沼液为 105.9 t/hm²，外加氮肥为 $66.3 \sim 177.8$ kg/hm²，平均添加氮肥 125.3 kg/hm²，外加钾肥为 $83.1 \sim 218.9$ kg/hm²，平均添加钾肥 157.4 kg/hm²。种植大麦所消纳沼液范围为 $69.3 \sim 146.6$ t/hm²，平均施用沼液为 107.3 t/hm²，外加氮肥范围为 $25.2 \sim 277.7$ kg/hm²，平均外加氮肥 116.7 kg/hm²。按施肥计划施加两季沼液后，一年可以平均施用沼液 213.2 t/hm²，额外添加化肥 399.3 kg/hm²。沼液产生量与所需消纳土地面积的变化见表5-22。

表5-22　沼液产生量与所需消纳土地面积

年份	数量（头）	沼液年产生量（万t）	消纳所需土地面积（hm²）
2019 年底	1 500	2.54	119
2020 年底	2 000	3.73	175
2021 年底	2 500	4.24	199

　　2019 年年底需要消纳的沼液约 2.54 万 t，需要土地约 119 hm²，额外添加化肥 47.57 t；2020 年年底需要消纳的沼液约 3.73 万 t，需要土地 175 hm²，额外添加化肥 69.88 t；2021 年年底需要消纳的沼液约 4.24 hm²，需要土地约 199 hm²，额外添加化肥 79.43 t。

　　目前雪宝集团已铺设 43 km 的沼液输送管道，涵盖喇叭村、江池、石鸭村、民主、八一等村组 260 hm² 土地，企业与合作社农户建立了长效的利益联结机制。养殖场满负荷产生的沼液肥能够完全被农田消纳。

5.6　畜禽喂饲管理方案优化

5.6.1　本项目奶牛饲养方案

　　本项目精心搭配奶牛饲料，泌乳牛形成"早班-中班-晚班"喂养模式，饲料包括燕麦草、苜蓿草、青贮玉米、甜菜粕、毛棉籽、泌乳料、脂肪粉、水、维生素等，具体饲料搭配见表 5-23。

表 5-23　饲料搭配

早班			
高产牛料	喂量（kg/头）	牛数量（头）	配制总量（kg）
燕麦草	2	101	202
苜蓿草	4	101	404
青贮玉米	12	101	1 212
甜菜粕	1.2	101	121.2
泌乳料	1.8	101	181.8
毛棉籽	11.7	101	1 181.7
脂肪粉	0.2	101	20.2
水	9	101	909
C7	41.9	33	1 424.6
C8	41.9	34	1 424.6
C9	41.9	33	1 382.7

（续表）

中班			
高产牛料	喂量（kg/头）	牛数量（头）	配制总量（kg）
燕麦草	2	96	192
苜蓿草	4	96	384
青贮玉米	12	96	1 152
甜菜粕	1.2	96	115.2
泌乳料	1.8	96	172.8
毛棉籽	11.7	96	1 123.2
脂肪粉	0.2	96	19.2
水	9	96	864
C7	41.9	32	1 340.8
C8	41.9	32	1 340.8
C9	41.9	32	1 340.8
晚班			
高产牛料	喂量（kg/头）	牛数量（头）	配制总量（kg）
燕麦草	2	90	180
苜蓿草	4	90	360
青贮玉米	12	90	1 080
甜菜粕	1.2	90	108
泌乳料	1.8	90	162
毛棉籽	11.7	90	1 053
脂肪粉	0.2	90	18
水	9	90	810
C7	41.9	30	1 257
C8	41.9	30	1 257
C9	41.9	30	1 257

本项目早中晚班喂养的饲料量相同，但部分奶牛的采食欲望低，所以喂养的头数不同。配制头数根据产奶量、牛奶指标等会发生变化，随时进行调整。

5.6.2　奶牛饲养方案优化

奶牛养殖有着很高的养殖价值和前景，在奶牛养殖过程中，需要重视日常的喂养情况，研究源头减排的喂饲管理技术，优化饲养环节的饲料配方和管理模式，减少粪污中的养分排放，使得较少的土地就能消纳粪污，从而减小对环境的影响。

一般来说，粗料主要是提供奶牛所需要的粗纤维和其他养分，而精饲料主要是提供奶牛所需要的能量、蛋白质和矿物质等养分。如按整个日粮总干物质计算，干草等粗饲料在奶牛日粮中以占50%左右为宜。但粗料质量不好时，则精粗料比为3∶2。在生产实践中，一般根据奶牛日产奶量来确定精粗料的配比。如日产奶量为10 kg时，精粗料比为3∶7，每日喂混合精料4.0 kg；每日产奶15 kg时，精粗料比仍以3∶7为宜，但精料喂量应增加到5.6 kg；日产奶量为20 kg时，精粗料比调整为2∶3，精料喂量为7.6 kg；日产奶量25 kg时，精粗料比约为11∶9，精料喂量9 kg；每日产奶量达30 kg时，精粗料比变为3∶2，量则越多。

本项目饲料搭配应该坚持源头减排原则，在已有的饲喂基础上进行一系列的优化，具体措施如下。

① 在饲料中添加微生态制剂。使用特殊工艺制备含有益生菌或益生菌生长促进物质的制剂，称为微生态制剂。其利用对奶牛有益无害的益生菌或益生菌促生长物质，可以起到促进微生物群繁殖和抑制致病菌繁殖的作用。在奶牛日粮添加微生态制剂，不但能增加饲料营养、提高饲料利用率，还可以减轻粪尿恶臭气味，改善生态环境。微生态制剂通过分解和合成有机固体物质分解过程中产生的有害物质，可以有效地降低有毒有害物质的含量。

② 为了增强畜禽对饲料的消化利用，改善奶牛体内的代谢功能，在饲料中加入的酶类物质，称为酶制剂。其具有补充畜禽内源酶不足、清除饲料中抗营养因子、提高饲料中氮磷利用率等多种作用，减少粪便排放量，降低粪便中的氮、磷含量，减少粪污中的养分排放，使得较少的土地就能消纳粪污，从而减小对环境的影响。

③ 采用"理想蛋白质模式"配制符合奶牛生理需要的平衡日粮，提高日粮中氮的利用率，减少粪尿中氮的排泄量。根据测算，喂食低蛋白质日粮可以将空气中的氮含量降低约15%。通过添加合成氨基酸可将饮食中的蛋白质水平从16.5%降低至12.5%，排泄物中氨的散发量可减少约50%，即日粮蛋白

质水平降低 1%，排泄物中的氮散发量可以减少 10%~12.5%。通过研究粪便、养分及重金属源头减排的饲料管理和饲养技术，优化饲养环节的饲料配方和管理模式，减少粪污中的养分排放，使得较少的土地就能消纳粪污，从而减小对环境的影响。

5.7 备选利用处理方式

5.7.1 粪便处理技术

畜禽粪便处理技术可分为资源化利用技术和无害化处理技术，资源化利用技术一般包括好氧发酵法、厌氧发酵法和堆肥处理技术等；无害化技术处理一般分为低等动物处理法、焚烧法和干燥法等。在对沼渣沼液处理时，可以对沼液池先进行加盖处理，减少蚊蝇滋生场所，保持环境卫生，防止人、畜掉进池内，再根据不同的要求和条件选用更实用、经济和有效的技术方法。

（1）好氧发酵

好氧发酵是指利用好氧微生物在有氧的条件下处理粪便，将有机物转化为二氧化碳和水的过程。好氧发酵的优点是池的体积只有厌氧池的 1/10，整个处理到最终产物的过程能够减少恶臭气体的产生；其不足之处是在处理时需要增氧和通气设备。

（2）厌氧发酵

厌氧发酵是指在缺氧的条件下，利用微生物或者自然微生物处理粪便，将有机物转化为甲烷和二氧化碳的过程。该法的优点是不仅可以减少最终产物的恶臭味，还可产生甲烷；缺点是要求处理池体积大，处理过程氨气的挥发损失较多。

（3）堆肥处理

堆肥处理技术可划分为好氧堆肥和厌氧堆肥，好氧堆肥又称为高温堆肥，由于该法可以使得有机物分解充分、异味少、耗时短等优点已经成为研究热点。堆肥处理是利用微生物菌种在粪便中大量繁殖和发酵的过程分解粪便中不利于作物生长的有害物质，堆肥发酵过程会产生热量，其有利于粪便中的有机物的分解和水分的蒸发。堆肥过程中温度会高达 60℃，对材料中的寄生虫卵、病原菌等起到一定的杀灭抑制作用，这样做到既维持土壤肥力，又确保对植物的无害化。但该法的缺点是在处理的过程中会有氨气散失，需对臭气进行收集治理。

（4）低等动物处理法

由于畜禽粪便含有许多养分，所以可为很多低等动物的生存提供条件和场所，利用低等动物自然地生长繁殖亦可以起到消化分解粪便的作用。

以蚯蚓为例，蚯蚓自身含有丰富的酶系统（淀粉酶、纤维素酶等）以及与其他微生物之间的相互作用，在禽粪便堆储过程中可改变其物理性质和化学成分，从而改变了蚯蚓的活动环境，有利于相关微生物和蚯蚓的生长繁殖。利用蚯蚓堆肥处理不仅减少了畜禽粪便对周边环境的污染，又可变废为宝，将畜禽粪便变成绿色、高效、环保的有机肥料，一方面提高了土壤肥力使作物增收，另一方面增加了经济效益。

利用低等动物处理粪便的技术具有明显的生态效益和经济效益，可是由于饲养制备技术目前还不成熟，养分、温度等条件不易控制，畜禽粪便饲养前需要进行灭菌脱水处理，所以当前没有得到大范围的推广应用。目前使用较多的畜禽粪便低等动物主要包括蚯蚓、蜗牛和蝇蛆等。

（5）焚烧法

焚烧法是借助空气中的氧气作为助燃剂，将粪便中的可燃性物质燃烧的过程，从而可以减少粪便的体积，经过燃烧后的粪便残渣性质较稳定。焚烧法不仅可以消除病原菌，还可以将有毒有害物质无害化，同时焚烧过程产生的热量还可以用来发电和供热。该法在国外的畜禽养殖行业已得到广泛应用。粪便在燃烧的过程中会伴随大量的一氧化碳、二氧化硫等有害气体产生，如果处理不当就可能产生二次污染。

（6）干燥法

干燥法包括自然干燥、高温干燥和烘干膨化干燥等。畜禽粪便经过干燥法处理后可以作为有机肥还田，还可以加工成颗粒肥料等使用。

自然干燥是指利用自然界的能量（如太阳能、风能等），通过降低粪便中的水分，得到干燥的粪便。经过干燥后的粪便不仅含水率降低，同时粪便中的病原菌等也得到了去除。自然干燥法虽然具有处理成本低和投资小等特点，但是由于自然干燥法处理时间较长，不仅会降低肥效，在处理的过程中还会产生恶臭气体，污染环境。

高温干燥是指将粪便通过高温干燥机处理进行干燥。高温干燥机可以大批量地处理粪便，其过程基本不受天气影响，干燥过程亦可达到灭菌、除臭效果。不足之处是机械设备能耗高且投资大，干燥过程会产生大量恶臭气体，粪便经过高温处理后会降低肥效等。

烘干膨化干燥，其机理是利用机械效应和热效应两方面的作用，经过处理后，粪便中的病原菌、虫卵等能够得到有效去除，能够满足卫生防疫和商品肥料的要求。但是，该方法一次性投资较大，耗能大、处理成本较高，处理过程仍会产生臭气。

5.7.2 恶臭防治技术

恶臭气体是由于在一定的湿度、通气、温度等条件下，微生物分解有机物的过程中产生的。恶臭气体的释放量与饲料被消化的程度、饲料的种类、粪便的 pH、粪便的含水率、粪便堆放时间、畜舍通气量、季节、温度等因素有关，臭气的释放量会因为不同的因素有较大差异。畜禽养殖恶臭气体防治主要包括物理法、化学法和生物法。

（1）物理法

物理法是指利用吸附剂将臭气中的可溶性恶臭物质吸收，达到去除的目的。常用的吸附材料有秸秆、锯末等含纤维和木质多的材料及膨润土、泥炭、沸石等。

（2）化学法

化学法是指利用吸收液对可溶性的恶臭气体的吸收、改变气体的性质，从而达到去除的目的。例如，对氨气的吸收常采用稀硫酸溶液，硫化氨气体采用乙酸钠-乙酸锌溶液来吸收等，都可以有效地去除恶臭物质。

（3）生物法

生物法是指微生物通过代谢等一系列作用将有机物降解的过程。生物除臭常采用的方法有生物洗涤和生物过滤等。

畜禽养殖恶臭气体一般可以通过控制养殖密度、加强通风、及时清粪等措施减少或抑制臭气的产生。为了减少臭气对周边环境的污染，养殖场的污染物处理一般采用密闭形式，同时也有利于臭气的统一收集和集中处理。

5.7.3 减量化技术

据吴华山等（2012）在江苏省对规模化养猪场沼液在不同季节、不同方式贮存过程中养分变化的研究显示，贮存 90 d 后，沼液中 TN、TP、TK 含量分别减少了 67.22%~84.31%、59.70%~93.45%、35.27%~80.25%，COD 下降了 24.78%~42.96%；贮存期内铵态氮含量持续下降，至 60 d 后基本保持稳定，90 d 后铵态氮减少了 75.35%~89.71%，硝态氮含量增加了 3%~6%；在贮存期前 60 d 内，夏秋季的 COD 浓度以及 TN、TP、NH_4^+-N 下降幅度高于冬春季，而在贮存 60 d 后，冬春季贮存沼液中 TN、TP、NH_4^+-N 下降幅度显著高于夏秋季；沼液加盖贮存，在前期可减少沼液中 TN、TP、NH_4^+-N 量的下降，但贮存 90 d 时，其贮存方式对 TN、TP、NH_4^+-N 量变化的影响已不明显。可见，沼液成分会随贮存时间和季节发生变化。

本项目区属于中亚热带湿润季风气候区，具有夏秋多雨、冬春干旱的气候特点，多年平均蒸发量 1 092.1 mm，多年平均降水量 963.2 mm，最大年降水量 1 700.1 mm，最小年降水量 557.5 mm，降水量在年内分配不均，7—9 月约占全年降水量的 60%，夏秋季多雨为沼液还田提出了挑战。依据吴华山等（2012）研究，沼液的加盖贮存方式比不加盖贮存方式能更好地保留沼液中的养分，而且可以减少沼液总量，在沼液消纳面积有限的情况下，不失为一个可行措施。考虑到贮存时间对沼液养分含量的影响，建议贮存时间 60 d 以上再施用，既可以减少沼液养分含量，又可以避免沼液 N 含量过高对作物产生毒害作用。

5.8　监测方案

5.8.1　土壤监测

土壤监测范围：消纳沼液土壤。

监测指标：土壤速效氮、速效磷、速效钾、总氮、全磷、全钾、pH 等养分分析指标和容重、田间持水量、土壤团聚体等理化性质指标，以及土壤 Ni、Zn、Mn、Fe、Cu、Cr、Pb 等重金属指标。

监测频次：土壤养分指标 1 年 1 次，土壤理化性质与重金属 2 年 1 次。

5.8.2　周边水体监测

水体监测内容：地表水与地下水。

监测指标：pH、总氮、总磷、总钾、COD、氨氮、重金属（Zn、Cu、Mn、Pb、Ni、Cr、Fe 等）。

6 综合养分管理计划实施效果评估

　　集约化奶牛养殖场产生的粪便沼液含有丰富的氮磷营养元素，沼液还田合理的灌溉不仅可以增加作物产量，还能减少沼液排放的二次污染。沼液的合理灌溉量受沼液的养分含量、土壤、气候等因素影响，不同农作物对沼液的耐受值也不相同，针对不同区域的不同土地利用方式，需要对沼液还田利用的养分进行精准调控，才能达到养分高效利用的目的，因此，需要对该区域综合养分管理计划实施效果进行调查。以鸿丰牧场沼液还田的流转土地为基础，对田间沼液施用前后的各区域土壤进行采样，研究施用沼液后短期内土壤养分和重金属的变化，以期为后续进行养分分区调控提供基础数据。

6.1　沼液田间施用对作物产量的影响

　　四川雪宝乳业集团有限公司鸿丰牧场占地约 13 hm²，目前存栏奶牛 1 500 余头，日产奶近 25 t。秉承做"纯正乳品守卫者"理念，推出雪宝巴适订、自立袋酸奶等明星产品，让消费者亲眼见证雪宝牛奶从牧场到餐桌"鲜活""纯正"的生产过程。牧场作为首批国家级"区域生态循环农业示范项目"建设单位，通过"养分源头减排—过程减量—精准调控—高效利用—综合管理"全过程养分管理模式（图 6-1），形成"奶牛健康养殖—粪污资源化利用—优质牧草种植"为一体的种养结合循环农业模式，逐步建立了养分管理与环境保护双赢的综合养分管理集成技术体系，实现养殖业与环境保护协调发展。获得中国良好农业规范认证、中国奶业"融智创优"品牌企业、中国学生饮用奶奶源基地、四川省畜禽标准化奶牛示范场等荣誉。

　　项目区牛粪年产量 0.5 万 t，沼渣年产量 0.2 万 t，沼液年产量 6 万 t。沼液使用面积 133 hm²（租赁土地 85 hm²，农户土地 48 hm²），其中租赁的土地种植模式为一年两季，青贮玉米和大麦轮种，收获后制作青贮饲料用于牧场的奶牛饲喂。2019 年青贮玉米种植前施用化肥作为底肥，之后未施用化肥，而

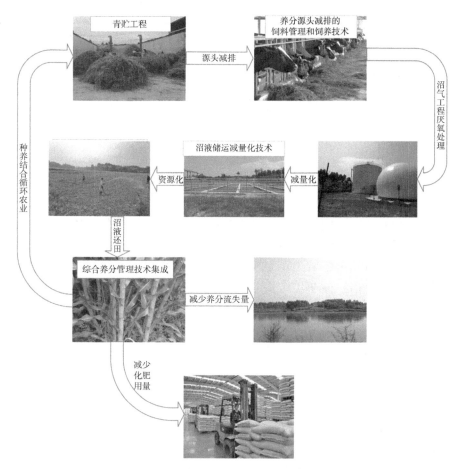

图6-1 种养结合循环农业综合养分管理技术模式

是全部以沼液作为肥料，青贮玉米沼液用量 165.0~304.5 t/hm²，大麦沼液用量 42.0~157.5 t/hm²（表6-1）。青贮玉米实际的沼液用量明显高于 5.5 推荐的沼液用量，特别是 2019 年和 2021 年，这主要受当地气候影响，2019 年比较干旱，为了缓解干旱，实际使用的沼液较多，而且农民发现施用沼液对产量提升作用明显（上一季种植的是大麦），使用热情高涨；而 2021 年雨水特别多，其他土地农民几乎都不用，流转土地不得不多使用一些，以缓解牛场沼液储存池负荷。大麦沼液用量与 5.5 推荐的沼液用量基本一致，其中 2019 年大麦沼液用量低于推荐量，这是由于 2019 年存栏量较低，沼液产量较少，另外，当时是第一年开始使用沼液，接受度不高。

表 6-1　青贮玉米和大麦施肥与产量情况

作物种类	年份	计入统计的种植面积（hm^2）	化肥用量（kg/hm^2）			沼液用量（t/hm^2）	作物产量（t/hm^2）
			氮	磷	钾		
青贮玉米	2019	65.47	337.5	112.5	150	252	27
	2020	11.47	0	0	0	165	25.5
	2021	20.00	0	0	0	304.5	46.5
大麦	2019	65.47	0	0	0	42	22.5
	2020	19.80	0	0	0	157.5	28.5
	2021	8.00	0	0	0	121.5	40.5

　　2019—2021 年大麦和青贮玉米的产量均发生了显著变化。2021 年青贮玉米产量相比 2019 年增长了 72.22%，2020 年青贮玉米产量相比 2019 年减少了 5.55%，这是由于 2020 年该区域受干旱、暴雨灾害影响严重，导致减产。2020 年大麦产量相比 2019 年增长了 26.66%，2021 年大麦产量相比 2019 年增长了 80%。总体上大麦的产量增幅高于玉米，但在沼液使用量上，玉米的使用量大于大麦的使用量。可见，沼液还田对农作物产量有着显著的促进作用，同时可以减少化肥的使用量。

6.2　沼液田间施用对土壤环境的影响

6.2.1　土壤采样与分析

　　2020 年 6 月，在 2018 年 9 月采样点基础上，结合沼液还田情况，对原 47 个采样点进行筛选，选择 28 个采样点位进行对比分析，这些采样点分布于 3 个村落，涉及沼液还田面积 60 余公顷。这些样地从 2018 年开始施用沼液代替部分化肥，种植方式为大麦-玉米轮作，玉米生长周期为 4 月中旬至 7 月底，大麦生长周期为 10 月底至翌年 3 月底。土壤采样方法同 5.5.1.1。各采样点具体地理位置等信息见表 6-2。

表6-2 土壤样品采样地点信息

序号	土样编号	经纬度坐标	海拔（m）	所属村	土地利用类型
1	Y-1	31.610895N，104.497858E	510.31	喇叭村	旱地
2	Y-2	31.610637N，104.497785E	513.00	喇叭村	旱地
3	Y-3	31.602239N，104.491637E	500.74	喇叭村	旱地
4	Y-4	31.600690N，104.491286E	498.56	喇叭村	旱地
5	Y-5	31.600685N，104.489965E	497.59	石鸭村	旱地
6	Y-6	31.603792N，104.490875E	498.56	石鸭村	旱地
7	Y-7	31.599715N，104.485309E	505.20	石鸭村	旱地
8	Y-8	31.600513N，104.485913E	503.37	石鸭村	旱地
9	Y-9	31.601995N，104.486051E	508.79	石鸭村	旱地
10	Y-10	31.612337N，104.502565E	515.16	喇叭村	旱地
11	Y-11	31.610879N，104.501787E	518.38	喇叭村	旱地
12	Y-12	31.609449N，104.502391E	521.44	喇叭村	旱地
13	Y-13	31.613147N，104.504252E	519.54	喇叭村	旱地
14	Y-14	31.612722N，104.503435E	516.57	喇叭村	旱地
15	Y-15	31.610700N，104.507699E	533.65	喇叭村	旱地
16	Y-16	31.610926N，104.507855E	538.50	喇叭村	旱地
17	Y-17	31.612094N，104.501511E	536.34	喇叭村	旱地
18	Y-18	31.600401N，104.494891E	503.50	喇叭村	旱地
19	Y-19	31.602159N，104.495342E	502.61	喇叭村	旱地
20	Y-20	31.605927N，104.490371E	513.52	喇叭村	旱地
21	Y-21	31.605608N，104.491475E	510.02	喇叭村	旱地
22	Y-22	31.607259N，104.497359E	503.45	喇叭村	旱地
23	Y-23	31.606215N，104.497365E	508.12	喇叭村	旱地
24	Y-24	31.605152N，104.498622E	497.48	喇叭村	旱地
25	Y-26	31.606109N，104.505658E	558.55	喇叭村	旱地
26	Y-27	31.604458N，104.503405E	514.60	喇叭村	旱地
27	Y-44	31.603602N，104.520617E	555.77	江池村	旱地
28	Y-47	31.603259N，104.492155E	498.87	喇叭村	旱地

采集土样后带回实验室进行去除根系和石块，经过风干、磨细和过筛等前

处理后，对土壤进行常规养分指标（pH、有机碳、全磷、速效磷、全氮、碱解氮、全钾、速效钾）和重金属（Zn、Cu、Mn、Pb、Ni、Fe）检测分析。重金属消解使用 HJ 491—2019 中的电热板消解法，测定使用德国斯派克分析仪器有限公司的电感耦合等离子体发射光谱仪（型号：GENESIS EOP），每批样品分析过程中同样带标准土做参比标准与质量监控。

6.2.2 田间沼液施用对土壤养分的影响

（1）土壤氮含量变化特征

田间沼液施用前后土壤碱解氮含量变化见表 6-3 和图 6-2。2018 年不同地块土壤碱解氮含量范围在 47.90～187.48 mg/kg，平均值为 108.06 mg/kg。施用沼液两年后土壤碱解氮范围变为 98.53～220.33 mg/kg，平均值为 139.10 mg/kg，碱解氮平均增加 31.04 mg/kg，平均增加幅度为 28.72%。施用沼液两年后大部分地块土壤碱解氮含量明显增加，变化率最低为 0.91%，最大可达 148.57%，仅在 8 号样地土壤碱解氮含量减少，减少幅度为 8.16%。

土壤全氮含量变化与碱解氮一致，2018 年不同地块土壤全氮范围在 1.10～2.50 g/kg，平均值为 1.55 g/kg，2020 年土壤全氮范围在 1.40～3.30 g/kg，平均值为 2.01 g/kg（表 6-4）。相比 2018 年的土壤全氮含量，2020 年土壤全氮含量明显增加，平均增加 0.46 g/kg，平均增加幅度为 29.68%。施用沼液两年后土壤全氮含量变化率最低为 13.33%，最大可达 76.92%，3 个地块土壤全氮含量无变化，仅在 8 号样地土壤全氮含量减少，减少幅度为 5.88%（图 6-3）。

表 6-3 土壤碱解氮、速效磷、速效钾统计分析

指标	年份	最小值（mg/kg）	最大值（mg/kg）	平均值（mg/kg）	标准差 SD	标准误差 SEM	变异系数（%）
碱解氮	2018	47.90	187.48	108.06	27.80	5.35	25.72
	2020	98.53	220.33	139.10	32.29	6.21	23.21
速效磷	2018	10.29	41.01	21.89	7.28	1.41	33.28
	2020	11.81	78.36	28.29	17.26	3.27	61.02
速效钾	2018	44.37	90.35	64.38	11.36	2.19	17.64
	2020	65.33	291.69	143.72	53.60	10.31	37.29

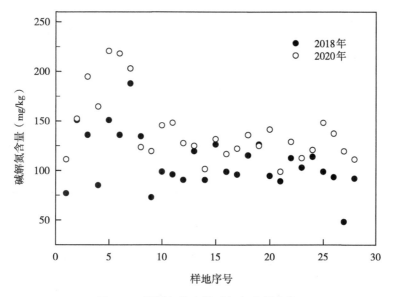

图 6-2 不同年份土壤碱解氮含量变化

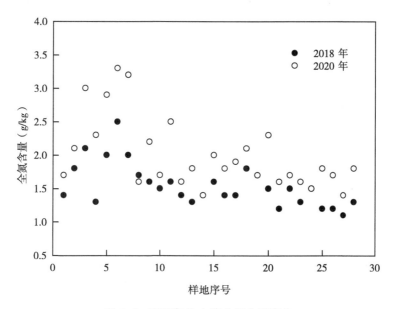

图 6-3 不同年份土壤全氮含量变化

表 6-4 土壤全氮、全磷、全钾统计分析

指标	年份	最小值 （g/kg）	最大值 （g/kg）	平均值 （g/kg）	标准差 SD	标准误差 SEM	变异系数 （%）
全氮	2018	1.10	2.50	1.55	0.31	0.06	20.19
	2020	1.40	3.30	2.01	0.52	0.10	26.06
全磷	2018	0.48	0.73	0.58	0.06	0.12	10.51
	2020	0.47	0.86	0.66	0.11	0.29	17.30
全钾	2018	5.03	10.68	7.07	1.29	0.25	18.23
	2020	3.62	8.11	6.62	1.30	0.25	19.69

（2）土壤磷含量变化特征

田间沼液施用前后土壤速效磷含量变化见图 6-4。2018 年土壤速效磷含量变化范围在 10.29~41.01 mg/kg，平均值为 21.89 mg/kg，2020 年土壤速效磷含量变化范围在 11.81~78.36 mg/kg，平均值为 28.29 mg/kg（表 6-3）。施用沼液两年后的速效磷平均值增加 6.40 mg/kg，增加幅度为 29.24%。相对于 2018 年的速效磷含量，施用沼液两年后 68% 的样地土壤速效磷含量明显增加，变化率最大可达 193.76%，32% 的样地土壤速效磷含量减少，减少幅度最大可达 41.42%。

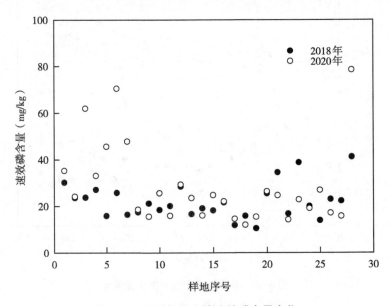

图 6-4 不同年份土壤速效磷含量变化

土壤全磷含量变化与速效磷一致，2018 年土壤全磷含量变化范围在 0.48~0.73 g/kg，平均值为 0.58 g/kg，2020 年土壤全磷含量变化范围在 0.47~0.86 g/kg，平均值为 0.66 g/kg（表 6-4）。施用沼液两年后土壤全磷含量平均值增加 0.08 g/kg，增加幅度为 13.71%。相对于 2018 年的全磷含量，施用沼液两年后 82% 的样地土壤全磷含量明显增加，变化率最大可达 60.06%，18% 的样地土壤全磷含量减少，减少幅度最大可达 14.41%。

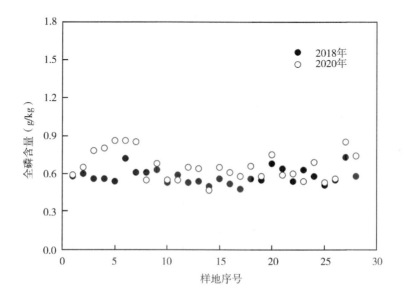

图 6-5　不同年份土壤全磷含量变化

（3）土壤钾含量变化特征

田间沼液施用前后土壤速效钾含量变化见图 6-6。2018 年土壤速效钾含量变化范围在 44.37~90.35 mg/kg，平均值为 64.38 mg/kg，2020 年土壤速效钾含量变化范围在 65.33~291.69 mg/kg，平均值为 143.72 mg/kg（表 6-3）。施用沼液两年后的速效钾平均值增加 79.34 mg/kg，增加幅度为 123.24%。相对于 2018 年的土壤速效钾，施用沼液两年后全部土壤速效钾含量明显增加，变化率最低为 15.68%，最大可达 313.15%。

田间沼液施用前后土壤全钾含量变化见图 6-7。2018 年土壤全钾范围在 5.03~10.68 g/kg，平均值为 7.07 g/kg，2020 年土壤全钾范围在 3.62~8.11 g/kg，平均值为 6.62 g/kg。土壤全钾含量变化规律与速效钾不同，施用沼液两年后土壤全钾含量平均值减少 0.45 g/kg，减少幅度为 6.36%。施用沼液两年后 57% 的样地土壤全钾含量减少，减少幅度在 0.44%～18.59%，43% 的样地土壤全钾含量增加，增幅在 0.11%～25.67%。

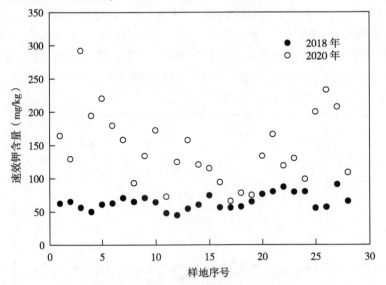

图 6-6　不同年份土壤速效钾含量变化

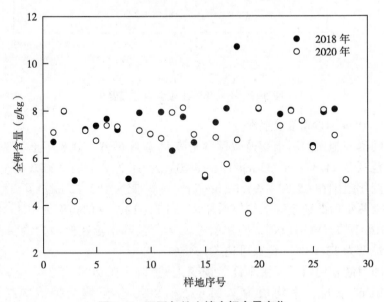

图 6-7　不同年份土壤全钾含量变化

（4）土壤有机碳含量变化特征

田间沼液施用前后土壤有机碳含量变化见图 6-8。2018 年土壤有机碳含量变化范围在 7.47~28.47 g/kg，平均值为 15.80 g/kg，2020 年土壤有机碳含量变化范围在 10.40~31.92 g/kg，平均值为 18.79 g/kg（表 6-5）。施用沼液两年后的有机碳平均值增加 2.99 g/kg，增加幅度为 18.92%。施用沼液两年后93%的样地土壤有机碳含量明显增加，变化率在 0.04%~93.03%，仅两个地块（7%）的土壤有机碳含量减少，减少幅度分别为 6.48%和 7.86%。

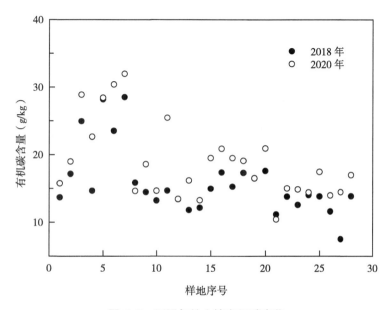

图 6-8　不同年份土壤有机碳变化

表 6-5　土壤有机碳统计分析

年份	最小值（g/kg）	最大值（g/kg）	平均值（g/kg）	标准差SD	标准误差SEM	变异系数（%）
2018	7.47	28.47	15.80	4.83	0.93	30.58
2020	10.40	31.92	18.79	5.51	1.06	29.34

（5）土壤 pH 变化特征

田间沼液施用前后土壤 pH 变化见表 6-6。施用沼液两年后，土壤 pH 的平均值变小，土壤 pH 的最大值、最小值增加，2018 年与 2020 年同一年份不同地块的差异均不大。其中有 11 个地块土壤 pH 增加，增加幅度不超过 1 个

pH 梯度；17 个地块土壤 pH 降低，其中 6 个地块降低幅度大于 1 个 pH 梯度（表 6-7）。施用沼液两年后，中性土由 10 个地块减少为 7 个，减少 30.00%；微酸化土由 16 个地块增加为 19 个，增加 18.75%（图 6-9）。

表 6-6　土壤 pH 统计分析

年份	最小值	最大值	平均值	标准差 SD	标准误差 SEM	变异系数（%）
2018	4.95	7.64	6.33	0.73	0.14	11.47
2020	5.03	7.72	6.11	0.58	0.11	9.55

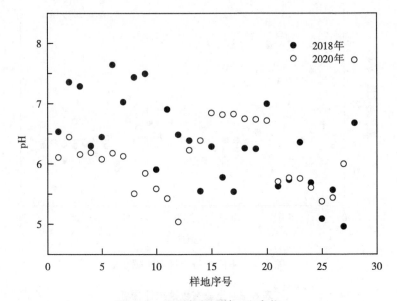

图 6-9　不同年份土壤 pH 变化

表 6-7　沼液施用前后土壤 pH 分级变化

pH 范围	土壤分类	2018 年		2020 年	
		地块数量（个）	占比（%）	地块数量（个）	占比（%）
>6.5	中性土	10	36.00	7	25.00
5.5~6.5	微酸化土	16	57.00	19	67.86
4.5~5.5	酸化土	2	7.00	2	7.14
<4.5	强酸化土	0	0	0	0

6.2.3 田间沼液施用对土壤重金属的影响

田间沼液施用前后土壤重金属含量变化见图 6-10。施用两年后土壤中大部分土壤重金属含量呈增长趋势，其中 Ni、Zn、Mn、Fe、Cu 含量平均值增加率分别为 18.60%、16.30%、9.49%、20.66%、14.37%；Pb 含量平均值减少了2.54%。沼液施用前后土壤重金属的变异性均为中等变异，2018 年和 2020 年土壤重金属的变异性分别介于 11.60%~27.73%与 11.73%~19.63%（表 6-8）。

表 6-8　土壤重金属统计分析

年份	土壤重金属指标	最小值	最大值	平均值	标准差SD	标准误差SEM	变异系数（%）
2018	Ni	13.18	33.42	25.77	3.82	0.73	14.81
	Zn	23.36	85.97	63.58	11.07	2.13	17.42
	Mn	111.13	526.04	350.66	97.24	18.71	27.73
	Fe	14.92	26.55	18.22	2.37	0.46	13.02
	Pb	55.72	112.50	83.65	16.79	3.23	20.07
	Cu	16.83	28.38	24.17	2.80	0.54	11.60
2020	Ni	24.30	36.81	30.99	4.03	0.78	13.00
	Zn	60.80	95.76	75.61	8.87	1.71	11.73
	Mn	217.12	544.21	392.92	77.15	14.85	19.63
	Fe	15.74	26.52	21.99	2.79	0.54	12.68
	Pb	59.77	111.25	80.37	14.57	2.80	18.13
	Cu	18.65	38.00	27.66	4.46	0.86	16.14

注：除 Fe 单位为 g/kg 以外，其余指标单位均为 mg/kg。

相对于 2018 年的土壤 Ni、Zn、Mn、Fe、Cu 含量，施用沼液两年后有 24个样地土壤 Ni 含量增加，增加幅度最低为 0.30%，最高可达 63.29%，有 4 个样地土壤 Ni 含量降低，降低幅度范围为 0.17%~10.28%（表 6-9）。施用沼液两年后有 25 个样地土壤 Zn 含量增加，增加幅度介于 4.48%~47.19%，有 3个样地土壤 Zn 含量降低，降低幅度范围为 8.41%~17.44%。施用沼液两年后部分土壤 Mn 含量增加，增加幅度最低为 3.33%，最高可达 81.27%，有 9 个地块土壤 Mn 含量降低，降低幅度范围为 0.57%~55.56%。施用沼液两年后有24 个样地土壤 Fe 含量增加，增加幅度最低为 0.55%，最高可达 61.08%，有 4个样地土壤 Fe 含量降低，降低幅度范围为 0.10%~16.53%。施用沼液两年后土壤 Cu 含量全部增加，增加幅度最低为 0.51%，最高可达 44.88%。相对于 2018 年的土壤 Pb 含量，施用沼液两年后有 20 个样地土壤 Pb 含量降低，降低幅度范围为 0.25%～35.00%，有 8 个样地土壤 Pb 含量增加，增加幅度最低为 0.11%，最高可达 25.63%。

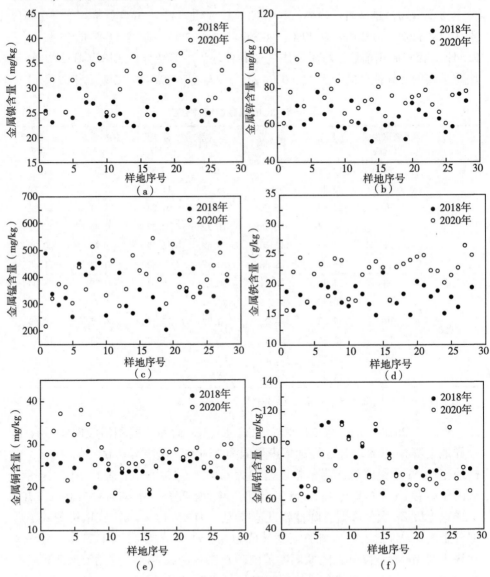

图 6-10　不同年份土壤重金属含量变化

表 6-9　沼液施用前后土壤重金属含量变化率　　　　　　（%）

序号	土样编号	Ni	Zn	Mn	Fe	Pb	Cu
1	Y-1	-2.18	-8.41	-55.56	-16.53	-0.25	8.87
2	Y-2	37.56	33.28	-5.02	40.66	-22.79	19.37
3	Y-3	26.81	35.58	26.23	33.65	-7.34	44.88
4	Y-4	0.30	16.72	12.46	0.55	12.06	28.30
5	Y-5	31.64	47.19	20.00	34.47	2.82	31.63
6	Y-6	14.49	12.16	-2.64	17.55	-17.77	43.40
7	Y-7	5.46	13.68	-13.23	-7.46	-35.00	22.03
8	Y-8	28.88	12.95	18.80	30.49	-10.54	26.00
9	Y-9	58.38	41.92	5.45	41.33	-1.56	10.38
10	Y-10	3.27	13.76	29.38	7.17	-1.58	5.73
11	Y-11	-10.28	-15.59	-0.57	-12.24	-13.57	0.81
12	Y-12	20.04	13.37	-29.52	17.30	1.95	3.74
13	Y-13	44.82	26.72	21.58	36.60	-1.79	7.94
14	Y-14	63.29	44.33	81.27	59.96	3.97	6.84
15	Y-15	5.10	17.28	20.03	3.77	11.49	10.05
16	Y-16	-6.02	8.40	74.42	0.63	-3.16	5.40
17	Y-17	29.29	25.49	67.81	35.62	-1.60	0.51
18	Y-18	20.42	32.43	39.94	26.95	10.00	6.57
19	Y-19	44.90	37.46	47.73	61.08	25.63	9.93
20	Y-20	9.06	4.48	6.36	20.03	-14.84	27.20
21	Y-21	29.30	11.36	-11.48	25.32	-12.65	2.38
22	Y-22	20.22	20.61	3.33	24.20	-6.22	6.57
23	Y-23	14.94	-17.44	-24.54	17.21	-11.21	9.55
24	Y-24	8.73	5.78	6.02	33.85	20.74	1.03
25	Y-26	10.24	8.74	44.16	20.12	0.11	8.47
26	Y-27	19.47	29.06	34.77	40.42	15.19	22.60
27	Y-44	-0.17	11.95	-6.85	-0.10	5.24	11.68
28	Y-47	22.31	7.28	5.88	27.62	-18.34	20.60

根据《土壤环境质量 农用地土壤污染风险管控标准》（GB 15618—2018）给出的农用地土壤污染风险筛选值，当土壤中污染物含量等于或者低于农用地土壤污染风险筛选值（表6-10）规定的风险筛选值时，农用地土壤污染风险低，一般情况下可以忽略。规定给出中 Zn、Cu、Ni、Pb 属于必测项目，施用沼液前后土壤各样地的重金属含量均未超出土壤污染风险筛选值，未引起土壤污染风险。

表6-10　农用地土壤污染风险筛选值　　　　　　　（mg/kg）

序号	污染物项目	pH≤5.5	5.5<pH≤6.5	6.5<pH≤7.5	pH>7.5
1	铅（Pb）	70	90	120	170
2	铜（Cu）	50	50	100	100
3	锌（Zn）	200	200	250	300
4	镍（Ni）	60	70	100	190

综上所述，沼液田间施用后，土壤全氮、碱解氮、有机碳、全磷、速效磷含量变化大部分地块表现为增加趋势，与乔锋等（2018）研究结果一致，土壤碱解氮含量增加幅度与全氮含量增加幅度相近，说明在当前养分分区调控方案下，氮磷肥的输入量较大，超出当前作物的消耗量，造成全氮、全磷在土壤中的累积，但此时土壤中氮磷含量整体偏低，沼液的氮磷输入增加了土壤养分储备。而沼液施用后土壤全钾含量大部分降低，土壤速效钾含量增加，变化趋势与王卫平等（2011）结果相同，土壤中全钾的本底含量较低，施用沼液带来的钾未能满足作物需求，但沼液中含有大量速效态的可溶性钾，在增加土壤速效态钾含量的同时降低了总全钾的含量。说明在该区域目前的养分分区调控方案中，沼液的施用量可以满足青贮玉米氮磷需求，同时能增加土壤速效养分含量，但钾肥的施用不足，针对该区域的情况，建议分区施加部分钾肥。施用沼液两年后的土壤中 Ni、Zn、Mn、Fe、Cu 含量平均值增加，Pb 含量平均值减少，所有土壤中重金属含量均未超出农用地土壤污染风险筛选值，但有增加趋势，与罗伟等（2019）研究结果一致。由于本次试验属于较短期的沼液施用，后期为避免土壤养分累积量过大，保持长期的土壤养分含量和重金属监测，及时调整沼液用量必不可少。

6.3 沼液田间施用对周边水体的影响

6.3.1 水体采样与分析

    于 2019 年 1 月和 2020 年 6 月对四川雪宝乳业集团有限公司鸿丰牧场周边水样进行现场采样，采样点包括周边 3 个池塘，其中 1 号池塘 2020 年出现渗滤液，同样进行采样。具体采样点位见表 6-11。对采集水样立即进行养分和重金属检测分析，检测项目包括 pH、全氮、全磷、全钾、COD、氨氮、重金属（Zn、Cu、Mn、Pb、Ni、Fe）等。

表 6-11　周边水样采集点信息表

水样编号	经纬度坐标	海拔（m）	类型
1 号	31.612229N，104.510839E	555.93	周边水样
1 号	31.612229N，104.510839E	555.93	渗滤液
2 号	31.613921N，104.501466E	524.55	周边水样
3 号	31.604628N，104.501074E	539.01	周边水样

6.3.2 结果分析

    周边水样基本指标分析结果见表 6-12，重金属分析结果见表 6-13。

表 6-12　水样基本指标检测结果　　　　　　（mg/L）

水样编号	采样点类型	年份	全氮	全磷	COD	氨氮	全钾	pH（无量纲）
1 号	周边水样	2018	3.85	0.43	63.45	0.99	15.36	6.90
		2020	8.56	0.87	141.74	2.18	21.94	7.21
1 号	渗滤液	2018	—	—	—	—	—	—
		2020	12.86	1.71	30.13	9.97	26.97	6.98

（续表）

水样编号	采样点类型	年份	全氮	全磷	COD	氨氮	全钾	pH（无量纲）
2 号	周边水样	2018	0.53	0.33	20.45	0.18	1.23	7.10
		2020	0.28	0.46	66.58	0.14	4.94	6.83
3 号	周边水样	2018	1.81	0.19	9.55	0.59	0.99	7.40
		2020	2.09	0.53	18.52	0.69	1.74	8.46

表 6-13　水样重金属检测结果　　　　　　　（mg/L）

水样编号	采样点类型	年份	Ni	Zn	Mn	Fe	Pb	Cu
1 号	周边水样	2018	0.021	0.039	0.198	1.527	0.064	0.020
		2020	0.068	0.047	0.457	1.531	0.104	0.021
1 号	渗滤液	2018	—	—	—	—	—	—
		2020	0.059	0.064	0.483	2.179	0.080	0.027
2 号	周边水样	2018	0.034	0.041	0.142	1.073	0.085	0.019
		2020	0.049	0.046	0.152	1.236	0.092	0.022
3 号	周边水样	2018	0.035	0.028	0.100	1.735	0.072	0.018
		2020	0.050	0.033	0.120	1.902	0.093	0.020

　　根据《农田灌溉水质标准》（GB 5084—2005）要求，农田灌溉用水水质基本控制项目和选择性控制项目有 COD、Cu、Zn、Pb，根据农田灌溉用水水质基本控制项目标准值（表 6-14）判断，2018 年和 2020 年周边水样均符合农田灌溉水水质要求。相对于 2018 年，周边水样各指标含量有所上升，位于牛场坡下的 1 号池塘全氮、全磷等指标上升明显。这是由于 2020 年青贮饲料水分较大，青贮饲料的渗滤液较多，且正好赶上百年一遇的暴雨，导致青贮饲料渗滤液流入牛场附近的水塘，造成水体富营养化（图 6-11）。经过一年多的沉淀，目前水体环境有所好转，浮萍减少，水体逐渐变清。

图 6-11 青贮饲料渗滤液不慎流入水塘造成水体富营养化

（李富程摄于 2020-06-10）

表 6-14 农田灌溉用水水质基本控制项目标准值（基本项目） （mg/L）

序号	项目类别	标准值
1	COD	200
2	Cu	1
3	Zn	2
4	Pb	0.2
5	pH	5.5~8.5

参考文献

陈婕，罗海波，刘方，等，2013.炉渣颗粒吸附剂对沼液吸附效果研究[J].中国农业科技导报，15（1）：152-157.

陈思琳，刘方，张登宇，等，2012.木炭和活性炭对沼液中氨态氮、总磷和化学需氧量的吸附效果[J].贵州农业科学，40（3）：204-206.

陈一良，史浩，戴成，等，2020.沼液养鱼对池塘水体环境及鱼品质的影响[J].江苏农业科学，48（15）：212-216.

陈盈，张满利，代贵金，等，2017.比空栽培模式在水稻生产中的应用[J].辽宁农业科学（5）：40-43.

陈永俊，2011.万头猪场沼气工程规模选择分析[C]2011年中国沼气学会学术年会暨第八届理事会第二次会议论文集：186-188.

陈志龙，陈广银，李敬宜，2019.沼液在我国农业生产中的应用研究进展[J].江苏农业科学，47（8）：1-6.

崔荣阳，刘宏斌，毛昆明，等，2020.洱海流域稻田综合种养对田面水氮素和水稻产量的影响[J].中国土壤与肥料（1）：127-134.

邓良伟，王文国，郑丹，2017.猪场废水处理利用理论与技术[M].北京：科学出版社.

丁京涛，沈玉君，孟海波，等，2016.沼渣沼液养分含量及稳定性分析[J].中国农业科技导报，18（4）：139-146.

董越勇，聂新军，王强，等，2017.不同养殖规模猪场沼气工程沼液养分差异性分析[J].浙江农业科学，58（12）：2089-2092.

董志新，玉山，续珍，等，2015.沼气肥养分物质和重金属含量差异及安全农用分析[J].中国土壤与肥料（3）：105-110.

高刘，余雪标，李然，等，2017.沼液配方肥对香蕉生长、产量及其土壤质量的影响[J].江苏农业科学，45（7）：121-124.

管宏友，代勇，张馨蔚，等，2016.紫色土-黑麦草系统消纳沼液的潜力研究[J].西南大学学报（自然科学版），38（1）：165-171.

韩晓宇，彭永臻，张树军，等，2008.厌氧同时反硝化产甲烷工艺的应用及进展［J］.中国给水排水（6）：15-19.

贺鹏，2017.沼渣、沼液综合利用技术［J］.农业科技与信息（21）：69，74.

黄继川，彭智平，徐培智，等，2016.沼液稻田消解对水稻生产、土壤肥力及环境安全的影响［J］.广东农业科学，43（10）：69-76.

黄继川，徐培智，彭智平，等，2016.基于稻田土壤肥力及生物学活性的沼液适宜用量研究［J］.植物营养与肥料学报（2）：362-371.

黄界颖，伍震威，高连芬，等，2013.沼液对土壤质量及小白菜产量品质的影响［J］.安徽农业大学学报（5）：161-166.

黄俊友，胡晓东，俞青荣，2005.污水灌溉条件下作物对土壤重金属吸收特征比较［J］.节水灌溉（5）：5-7.

黄孝肖，陈重军，张蕊，等，2012.厌氧氨氧化与反硝化耦合反应研究进展［J］.应用生态学报，23（3）：849-856.

靳红梅，常志州，叶小梅，等，2011.江苏省大型沼气工程沼液理化特性分析［J］.农业工程学报，27（1）：291-296.

靳红梅，付广青，常志州，等，2012.猪、牛粪厌氧发酵中氮素形态转化及其在沼液和沼渣中的分布［J］.农业工程学报，28（21）：208-214.

赖星，伍钧，王静雯，等，2018.连续施用沼液对土壤性质的影响及重金属污染风险评价［J］.水土保持学报，32（6）：361-366，372.

李洪刚，陈玉成，肖广全，等，2016.鸟粪石结晶法处理牛场沼液过程中磷形态转化［J］.农业工程学报，32（3）：228-233.

李习健，2019.长阳县生猪养殖产业生态化发展研究［D］.武汉：中南民族大学.

李娅婷，张妍，2009.北京农业循环经济发展评价研究［J］.环境科学与管理（1）：109-112.

李轶，曲壮壮，刘艳杰，等，2018.钝化剂对猪粪厌氧发酵沼渣中 As 的钝化效果及工艺优化［J］.农业工程学报，34（12）：245-250.

廖新俤，2013.德国养殖废弃物处理技术及启示［J］.中国家禽，35（3）：2-5.

刘北桦，詹玲，尤飞，等，2015.美国农业环境治理及对我国的启示［J］.中国农业资源与区划，36（4）：54-58.

刘某承，张丹，李文华，2010.稻田养鱼与常规稻田耕作模式的综合效益比较研究——以浙江省青田县为例 [J]. 中国生态农业学报, 18（1）: 164-169.

刘然, 2017.3 种稻渔综合种养模式的环境及经济效能研究 [D]. 南京: 南京农业大学.

刘思辰, 王莉玮, 李希希, 等, 2014.沼液灌溉中的重金属潜在风险评估 [J]. 植物营养与肥料学报, 20（6）: 1517-1524.

刘向林, 王丽霞, 吴冬悦, 等, 2018.长期施用沼液对土壤及产品的影响 [J]. 中国沼气, 36（2）: 89-93.

刘迎春, 辛守帅, 杨世红, 2019.饲料源头减排粪污末端减量关键技术集成 [J]. 畜牧业环境（6）: 48-52.

龙丽, 艾必燕, 陈飞兰, 2000.有机砷制剂对仔猪的饲喂效果试验 [J]. 粮食与饲料工业（11）: 37-38.

罗伟, 赖星, 伍钧, 等, 2019.施用沼液对土壤-马铃薯重金属污染状况研究 [J]. 环境科学与技术, 42（10）: 160-168.

马晓蕾, 范广博, 李永玉, 等, 2011. 精准施肥决策模型与数据库系统 [J] . 农业机械学报, 42（5）: 193-197.

孟祥海, 王宇波, 周海川, 2011.循环经济视角下的城郊规模化养猪可持续发展研究——基于武汉市 29 家规模化猪场及周边农户的调查 [J]. 湖北农业科学, 50（2）: 334-339.

苗纪法, 叶晶, 黄宇民, 等, 2013.沼液灌溉对土壤重金属的影响 [J]. 安徽农业科学, 41（34）: 13320-13322.

倪亮, 孙广辉, 罗光恩, 等, 2008.沼液灌溉对土壤质量的影响 [J]. 土壤（4）: 608-611.

乔锋, 肖洋, 赵淑苹, 2018.海林农场沼肥连年施用对玉米产量和土壤化学性质的影响 [J]. 中国农学通报, 34（36）: 93-98.

沈玉英, 2004.畜禽粪便污染及加快资源化利用探讨 [J]. 土壤（2）: 164-167.

思雨, 2017.农业部印发重点流域农业面源污染综合治理示范工程建设规划 [J]. 中国农技推广（4）: 174-174.

汤颖力, 汪威, 冯传烈, 等, 2019.种养结合模式下的生猪粪污资源化利用技术的探讨 [J]. 四川农业与农机（5）: 34-37.

王方浩, 王雁峰, 马文奇, 等, 2008.欧美国家养分管理政策的经验与启示 [J]. 中国家禽, 30（4）: 57-58.

王红艺，2019.探索种养结合模式 发展生态循环农业［J］.中国牛业科学，
　　45（3）：70-73.

王卫平，陆新苗，魏章焕，等，2011.施用沼液对柑桔产量和品质以及土
　　壤环境的影响［J］.农业环境科学学报，30（11）：2300-2305.

危常州，侯振安，雷咏雯，等，2005.不同地理尺度下综合施肥模型的建
　　模与验证［J］.植物营养与肥料学报（1）：13-20.

卫丹，万梅，刘锐，等，2014.嘉兴市规模化养猪场沼液水质调查研究
　　［J］.环境科学，35（7）：2650-2657.

魏世清，蒲小东，李金怀，等，2014.猪场粪便厌氧发酵前后理化特性及
　　重金属含量变化分析［J］.中国沼气，32（6）：40-43.

文可绪，李良玉，曹英伟，等，2015.成都市稻田养鱼模式下水稻病虫害
　　防治关键技术［J］.安徽农业科学（1）：95-97.

吴华山，郭德杰，马艳，等，2012.猪粪沼液贮存过程中养分变化［J］.
　　农业环境科学学报，31（12）：2493-2499.

吴树彪，崔畅，张笑千，等，2013.农田施用沼液增产提质效应及水土环
　　境影响［J］.农业机械学报，44（8）：118-125.

谢汉友，董仁杰，吴树彪，等，2018.沼液与化肥配合基施对大棚番茄产
　　量和品质的影响［J］.中国土壤与肥料（3）：108-115.

辛格，高亚茹，陈国松，等，2018.沼液成分与重金属含量分析［J］.化
　　工时刊，32（1）：9-16.

宣梦，许振成，吴根义，等，2018.我国规模化畜禽养殖粪便资源化利用
　　分析［J］.农业资源与环境学报，35（2）：126-132.

薛延丰，石志琦，严少华，等，2010.利用生理生化参数评价水葫芦沼液
　　浸种可行性初步研究［J］.草业学报（5）：51-56.

杨军芳，冯伟，贾良良，等，2015.追施沼液对白菜及土壤重金属含量的
　　影响［J］.河北农业科学，19（5）：68-73.

杨乐，王开勇，庞玮，等，2012.新疆绿洲区连续五年施用沼液对农田土
　　壤质量的影响［J］.中国土壤与肥料（5）：17-21.

杨涛，李建国，陈院华，等，2017.畜禽养殖场沼液重金属含量现状及安
　　全性分析［J］.江西农业学报，29（2）：63-66.

于凤玲，董秀英，聂承华，2016.利用有机沼液无土栽培番茄技术［J］.
　　河北农业（12）：35-36.

于海峰，2018.一种天然植物营养液及其应用，CN105294180B［P］.

岳彩德，董红敏，张万钦，等，2018.养殖污水/沼液膜浓缩处理技术研究进展［J］.中国沼气，36（2）：25-33.

张春，郑利兵，郁达伟，等，2018.沼液处理与资源化利用现状与展望［J］.中国沼气，36（5）：39-49.

张进，张妙仙，单胜道，等，2009.沼液对水稻生长产量及其重金属含量的影响［J］.农业环境科学学报，28（10）：2005-2009.

张献新，庞爱军，张石蕊，2017.种养结合循环农业发展路径探析［J］.湖南农业科学（10）：91-94.

张小锋，苏生平，2019.东台市种养结合循环农业模式探索——以江苏宇航食品科技有限公司生态农业产业链为例［J］.科学种养（7）：61-62.

张引，康波，李启波，等，2019.重庆市荣昌区稻-鸭种养模式示范效果［J］.农技服务（8）：44-45.

赵培，2019.浓缩沼液肥对作物产量品质及土壤质量的影响［D］.杨凌：西北农林科技大学.

赵婷婷，范培成，姚立荣，等，2011.氨化细菌对植物浮岛人工湿地中有机氮强化分解［J］.农业工程学报，27（S1）：223-226.

郑莉，2020.沼液施用对黄淮海平原盐化潮土土壤结构稳定性的影响［D］.北京：中国农业科学院.

郑学博，樊剑波，周静，等，2016.沼液化肥配施对红壤旱地土壤养分和花生产量的影响［J］.土壤学报，53（3）：675-684.

周江伟，2018.稻鳖鱼共生系统环境经济效应及其作用机制研究［D］.长沙：湖南农业大学.

周杰灵，严火其，2019.20世纪以来美国生猪粪肥养分管理变迁研究［J］.中国农史，38（1）：37-47.

周灵君，吕琳，2017.沼液-土壤-蔬菜系统中重金属变化特征［J］.南京工业大学学报（自然科学版），39（3）：63-69.

朱佳，高静思，刘研萍，2014.四环素在厌氧发酵过程中的降解作用［J］.中国沼气，32（1）：23-26.

朱建春，张增强，樊志民，等，2014.中国畜禽粪便的能源潜力与氮磷耕地负荷及总量控制［J］.农业环境科学学报，33（3）：435-445.

朱泉雯，2014.重金属在猪饲料-粪便-沼液中的变化特征［J］.水土保持研究，21（6）：284-289.

朱荣玮，2019.施用沼液和生物炭对土壤团聚体有机碳及其微生物多样性

的影响 [D]. 南京：南京林业大学.

BAI Z H, MA L, QIN W, et al., 2014. Changes in pig production in China and their effects on nitrogen and phosphorus use and losses [J]. Environmental Science & Technology, 48 (21): 12742-12749.

BHATTI A U, KHAN Q, GURMANI A H, et al., 2005. Effect of Organic Manure and Chemical Amendments on Soil Properties and Crop Yield on a Salt Affected Entisol [J]. Pedosphere (1): 46-51.

CANG L, WANG Y J, ZHOU D M, et al., 2004. Heavy metals pollution in poultry and livestock feeds and manures under intensive farming in Jiangsu Province, China [J]. Journal of Environmental Sciences, 16 (3): 371-374.

CORDOVIL C M S, CABRAL F, COUTINHO J, 2007. Potential mineralization of nitrogen from organic wastes to ryegrass and wheat crops [J]. Bioresource Technology, 98 (17): 3265-3268.

DUAN N, LIN C, GAO R Y, et al., 2011. Ecological and economic analysis of planting greenhouse cucumbers with anaerobic fermentation residues [J]. Procedia Environmental Sciences (5): 71-76.

Economic Research Service, USDA., 2011. Trends and Developments in Hog-Manure Management: 1998- 2009 [N]. EIB-81, p. 8.

GERBER P J, UWIZEYE A, SCHULTE R P O, et al., 2014. Nutrient use efficiency: A valuable approach to benchmark the sustainability of nutrient use in global livestock production [J]. Current Opinion in Environmental Sustainability (s9-10): 122-130.

KIM J D, HAN I K, CHAE B J, et al., 1997. Effects of dietary chromium picolinate on performance, egg, quality, serum traits and mortality rate of brown layers [J]. Asian Australasian Journal of Animal Sciences, 10 (1): 1-7.

LI C, NEGNEVITSKY M, WANG X, 2019. Review of methanol vehicle policies in China: current status and future implications - ScienceDirect [J]. Energy Procedia (160): 324-331.

MARCATO C E, PINELLI E, CECCHI M, et al., 2009. Bioavailability of Cu and Zn in raw and anaerobically digested pig slurry [J]. Ecotoxicology and Environmental Safety, 72 (5): 1538-1544.

MCCONNELL D B, SHIRALIPOUR A, SMITH W H, 1993.Compost application improves soil properties [J]. Biocycle, 34 (4): 61-63.

NICHOLSON F A, CHAMBERS B J, WILLIAMS J R, et al., 1999.Heavy metal contents of livestock feeds and animal manures in England and Wales [J]. Bioresource Technology, 70 (1): 23-31.

OENEMA O, KROS H, VRIES W D, 2003.Approaches and uncertainties in nutrient budgets: Implications for nutrient management and environmental policies [J]. European Journal of Agronomy, 20 (1): 3-16.

PETERSEN S O, SOMMER S G, BÉLINE F, et al., 2007.Recycling of livestock manure in a whole-farm perspective [J]. Livestock Science, 112 (3): 180-191.

SMITH K A, WILLIAMS A G, 2016.Production and management of cattle manure in the UK and implications for land application practice [J]. Soil Use & Management, 32 (S1): 73-82.

TAM N F Y, WONG Y S, 1995.Spent pig litter as fertilizer for growing vegetables [J]. Bioresource Technology, 53 (2): 151-155.

TAYEFEH M, SADEGHI S M, NOORHOSSEINI S A, et al., 2018.Environmental impact of rice production based on nitrogen fertilizer use [J]. Environmental Science & Pollution Research.

USDA, 2002.Economic Research Service, Confined Animal and Manure Data System.

USDA, 2003. Agricultural Economic Report 824: Manure Management for Water Quality: Cost to Animal Feeding Operations of Applying Manure Nutrient to Land.June 19, p.1.

USDA, 2003. Agricultural Economic Report 824: Manure Management for Water Quality: Costs to Animal Feeding Operations of Applying Manure Nutrients to Land.June19, p.8.

附　　表

一、沼液的产生和施用情况表

监测年度：

项目名称						
沼液产生过程						
产生时间	起度	止度	产生量	记录人	记录时间	备注
1 月						
2 月						
3 月						
4 月						
5 月						
6 月						
7 月						
8 月						
…						
…						
沼液施用过程						
施用时间	起度	止度	产生量	记录人	记录时间	备注

二、沼液和化肥施用情况表

监测点代码：   监测年度：

项　目		第一季		第二季	
作物名称					
品种					
播种期					
收获期					
播种方式					
耕作情况					
沼液施用情况	施用量（t/hm²）				
	施用时间				
	速效钾（mg/kg）				
	速效磷（mg/kg）				
	速效氮（mg/kg）				
化肥施用情况	氮肥（kg/hm²）	施用时间		施用时间	
		施用量		施用量	
	磷肥（kg/hm²）	施用时间		施用时间	
		施用量		施用量	
	钾肥（kg/hm²）	施用时间		施用时间	
		施用量		施用量	
病虫害发生	种类				
	发生时间				
	危害程度				
	防治方法				
	防治效果				

三、作物产量记录表

监测点位：　　　　　　　　　　　　　监测年度：

项　　目		作　　物		全年
		第一季	第二季	
作物名称				—
作物品种				—
优势作物分区				—
作物产量（kg/hm²）	果实			
	茎叶			
常规作物养分吸收量（kg/hm²）	果实	N			
		P			
		K			
	茎叶	N			
		P			
		K			

四、土壤采样点位记录表

采样日期：　　年　　月　　日

土壤样品编码				坡度		
采样地点		镇　　　村　　　组				
GPS 定位	北纬			东经		
样地编号	施用沼液前采样的样地编号			海拔	m	
土地利用现状	耕地/园地/林地/草地			地类	□水田　□旱地	
土壤采样	采样深度	cm	农副产品采样	样品名称（可食部位）	样品编码	
	土类名称					
	亚类名称					
	成土母质					
主要农作物种类						
产量（kg/hm²）						
点位代表的种植面积（hm²）						

采样点位示意图　　　　　　　　　　北↑	采样地块面积　　　　　　公顷
	现场采样记录：
	采样地块承包人：

校对人_____　　　　　记录人_____　　　　　采样人_____

五、土壤剖面测试记录表

监测点代码：　　　　　　　　　　　　　监测年度：

项　　目			发　生　层　次				
		层次代号					
		层次名称					
		取样深度					
剖面描述		颜色					
		结构					
		紧实度					
		容重（g/cm³）					
		新生体					
		植物根系					
机械组成		D>2 mm（%）					
		2 mm≥D>0.02 mm（%）					
		0.02 mm≥D>0.002 mm（%）					
		D<0.002 mm（%）					
		质地命名					
化学性状		有机质（mg/kg）					
		全氮（mg/kg）					
		全磷（mg/kg）					
		全钾（mg/kg）					
		pH					
		速效钾（mg/kg）					
		速效磷（mg/kg）					
		速效氮（mg/kg）					

六、土壤测试记录表

监测点代码： 取样时间：

常规耕层农化样土壤测试结果	必测项目（每年度最后一季作物收获后，立即采土测试）　测试时间：			
	耕层厚度（cm）	有机质（g/kg）	全氮（g/kg）	速效氮（mg/kg）
	速效磷（mg/kg）	速效钾（mg/kg）	全钾（mg/kg）	pH
	加测项目（建点时测定一次，随后最少每隔5年测定一次）			
	采样深度（cm）	容重（g/cm³）		盐分（g/kg）
	速效微量元素（mg/kg）			

	Fe	Mn	Cu	Zn	B	Mo

土壤环境质量（mg/kg）	pH	Pb	Cd	Hg	As	Cr	Ni	Zn	电导率（S/m）

七、粪肥检测记录表

采样时间：

序号	检测指标	检测数据	备注
1	有机质		
2	pH		
3	全氮		
4	全磷		
5	全钾		
6	吸附水		
7	粗脂肪		
8	粗纤维		
9	粗蛋白		
10	粗灰分		
11	无氮浸出物		
12	钙		
13	氨基酸		
14	微量元素		
15	有益菌落		
16	微生物